广东乡村振兴典型案例系列丛书

农村食品安全风险协同治理

张 蓓 等 著

中国农业出版社
北 京

图书在版编目（CIP）数据

农村食品安全风险协同治理 / 张蓓等著. —北京：中国农业出版社，2021.9
（广东乡村振兴典型案例系列丛书）
ISBN 978-7-109-28852-2

Ⅰ.①农… Ⅱ.①张… Ⅲ.①农村—食品安全—研究—广东 Ⅳ.①TS201.6

中国版本图书馆 CIP 数据核字（2021）第 211824 号

中国农业出版社出版
地址：北京市朝阳区麦子店街 18 号楼
邮编：100125
策划编辑：闫保荣
责任编辑：闫保荣
版式设计：王　晨　　责任校对：沙凯霖
印刷：北京中兴印刷有限公司
版次：2021 年 9 月第 1 版
印次：2021 年 9 月北京第 1 次印刷
发行：新华书店北京发行所
开本：700mm×1000mm　1/16
印张：16
字数：228 千字
定价：58.00 元

总序

党的十九大乡村振兴战略的提出，标志着我国现代化建设进入了新阶段。这也是中国特色社会主义进入新时代在“三农”领域的具体体现。为加快实现乡村振兴，各地区、各部门按照中央的战略部署和顶层设计，凝心聚力、大胆创新、真抓实干，掀起了一个又一个高潮；涌现了大量的典型案例，探索了行之有效的多样化模式。

各种各样的实践模式，既体现了乡村振兴的一般性规律，也反映了各地区在体制机制、资源禀赋和经济社会发展水平等方面的差异。各种模式，在制度安排、运行机制、生成机理、驱动因素以及绩效、发展前景和政策诉求等方面，都有着自身特点。针对上述重要领域，以案例形式开展学术研究，比较其共同点与差异性等，总结公有制社会和“大国小农”基本农情背景下乡村振兴的制度、道路、文化等方面所承载的一般性和特殊性，在理论上可以丰富、拓展乃至于超越发展经济学、农业经济学等相关学科，在实践中可以使乡村振兴发展得更快、更好。

作为改革开放前沿阵地和大湾区主阵地的广东，其城乡关系在某种程度上是中国的一个缩影。广东乡村的全面振兴，不但关系到广东能否率先基本实现现代化，也有利于落实习近平总书记对广东“四个走在全国前列”和“两个重要窗口”等目标要求。以案例形式深入研究广东乡村振兴的典型模式，既可以检验和拓展相关理论，也可以在实践方面指导广东乡村振兴，同时也可以对兄弟省份提供经验借鉴。基于上述考虑，我们策划了《广东乡村振兴典型案例系列丛书》，以飨读者。由于水平和能力有限，也恳请各位批评指正。

华南农业大学经济管理学院　米运生

前言

随着农业产业转型升级，农村消费水平不断提升，2018 年我国农村常住人口约 5.6 亿人，占全国总人口 40%以上；农村社会消费品零售总额达 55 350 亿元，居民生活得到极大改善。当前全面建成小康社会进入决胜期，解决好“三农”问题是全党工作重中之重。然而，我国农村食品安全风险仍然存在，诸如“康帅傅”“六大核桃”等农村“三无食品”及“山寨食品”，“亲嘴牛筋”等农村“五毛食品”，“土法红糖”等农村“自制食品”等消费欺诈屡见不鲜，威胁农村居民人身安全。2019 年中央 1 号文件指出，实施农产品质量安全保障工程，促进农村食品安全战略有效实施，是增强农村食品安全治理能力，全面促进农村社会发展的重要保障之一。我国食品安全形势总体平稳向好，然而基层农村食品质量安全风险仍不容忽视，亟须把握我国农村食品安全现状与问题，探讨农村食品安全风险协同治理的实践路径。

农村食品安全风险协同治理是实施食品安全战略、推进乡村振兴进程的有效路径。2015 年《中华人民共和国食品安全法》强调“食品安全工作实行预防为主、风险管理、全程控制、社会共治”；2017 年党的十九大报告强调“打造共建共治共享的社会治理格局”；2018 年习近平总书记强调“加快形成共建共治共享的现代基层社会治理新格局”；2019 年习近平总书记强调“完善党委领导、政府负责、社会协同、公众参与、法治保障的社会治理体制”。农村是保障农产品质量安全的源头和基础，然而，我国乡村地区居民数量庞大，经济发展缓慢，农村食品安全工作起步晚。此外，政府失灵导致资源配置不足、监管效率低下，信息不对称引发党政机构、食品企业、农村消费者等多方主体沟通不畅，农村地区劣质食品大量倾销、违禁物品肆意添加等食品安全事件频现。由此，在农村食品安全风险协同治理中发挥社会组织专业性、自治性、独立性等优势，构建农村食品安全社会共治新格局，对于推进平安乡村建设，满足农村地区人民群众美好需求，具有重要现实意义。在我国城乡一体化进程不断加快、乡村振兴战略有效实施、食品安全战略积极推进的背景下，必须有效地保障农村地区食品优质供给。如何有效地识别农村食品安全风险环节和症结，借鉴国内外农村食品安全风险协同治理模式与经验，发挥政府、农业经理人、农户和消费者等多方主体的职责和职能，实现保障农村消费者人身安全、促进农村食品产业可持续发展、维持农村社会和谐稳定的目标，保障乡村振兴战略实施将是一个迫切需要研究的课题。基于此，本书拟遵循“演进轨迹—实践经验—系统分析—主体意愿—管理策略”的农村食品安全风险协同治理的研究框架，研究农村食品安全风险协同治理的现状、症结及实践路径。

农村食品安全风险协同治理是一项复杂的系统工程，需要多方参与、均衡协调，实现整体最优。本书主要研究内容和研究贡献体现在以下方面：首先，以我国食品安全演进轨迹与共同愿景为研究背景，借鉴国内外食品安全风险协同治理实践经验；其次，基于 WSR 系统方法论“物理—事理—人理”视角深入分析我国农村食品安全风险协同治理的系统结构和系统要素，揭示系统运作特征与规律；再次，全面地剖析我国农村食品安全风险协同治理的主要环节和关键症结；接着，从政府、农业经理人、农户和消费者等多方主体视角，运用问卷调查、深度访谈、结构方程技术等实证分析方法，研究我国农村食品安全风险协同治理的主体意愿、态度与行为规律；最后，基于理论和实证分析结果，探讨农村食品安全风险协同治理实现路径与管理策略。

（1）随着经济发展及居民生活水平提升，食品安全备受政府和社会的高度关注。基于“环境变迁—要素涌现—实践特征—演进趋势”系统逻辑，将我国食品安全演进划分为萌芽阶段、发展阶段、关键阶段、共享阶段四阶段，剖析我国食品安全市场供给与科技支撑，监管制度与风险归因，多方主体与健康素养，揭示我国食品安全实践特征及关键问题。最后面对食品安全领域新变化及新挑战，提出落实食品安全风险协同治理愿景的对策建议。

（2）借鉴国外食品安全风险协同治理成功经验，明确国外食品安全风险协同治理发展现状和主要成效，有利于我国制定科学有效的食品安全风险协同治理策略、推进我国食品安全监管常态化发展。以欧盟、美国、加拿大、日本、新西兰食品安全风险治理制度为例，分析国外“集中监管与分散监管相结合”“法律体系与机构职能相结合”“事前预警与事后修复相结合”“政府主导与多方参与相结合”“公开监管与自我约束相结合”等策略，探究对我国食品安全监管启示，对于推进我国食品安全风险协同治理具有重要借鉴意义。

（3）明确农村食品安全风险协同治理内涵、治理复杂性及主要治理成效，总结我国广东、广西、浙江、河南四省份农村食品安全风险协同治理的典型实践，归纳出“法律监管整治”“公司农户联动”“食安科技驱动”“媒体宣传监督”四种风险协同治理模式，并在此基础上探讨落实主体责任、优化合作模式、创新技术支撑、提升健康素养、践行社会共治等农村食品安全风险协同治理路径及对策建议，为推动乡村振兴战略有效实施提供实践路径，加强我国农村食品安全风险协同治理提供决策参考。

（4）基于WSR系统方法论视角，从多维度、多层次构建农村食品安全风险协同治理系统框架，分析农村食品安全风险协同治理主体、客体、过程和情境的系统结构。全面、深入地剖析农村食品安全风险协同治理系统要素，立足我国农村食品安全风险情境揭示“物理”“事理”

"人理"现状与问题。从过程复杂性、症结涌现性、方式适应性、资源分散性等方面归纳农村食品安全风险协同治理系统特征，提出治理法规完善全面、治理职能均衡协调、治理模式共享共治、治理措施开拓创新和治理效益整体最优等农村食品安全风险协同治理运作策略。

（5）开展农村食品安全风险协同治理，是推进平安乡村建设，全面促进农村社会发展的重要保障。基于源头环节、生产加工环节、流通环节及消费环节分析农村食品安全风险协同治理关键环节，从农村食品安全供应链内部供给体系不规范、物流支撑不发达、市场信息不对称，以及供应链外部社会环境不发达、监管体系不完善、观念意识不成熟来剖析农村食品安全风险协同治理主要症结。

（6）理解农业经理人食品安全守法意愿形成机理，对提升农产品质量安全法律监管效果尤为重要。本研究探讨规制环境对农业经理人食品安全守法意愿的影响，检验法律认知的中介作用与质量安全素养的调节效应。运用结构方程技术对来自广东 384 位农业经理人问卷数据的研究显示，政府监管、行业服务和邻里效应对守法意愿均具有显著正向影响；媒体宣传对守法意愿具有显著负向影响；行业服务对法律认知具有显著正向影响；法律认知对守法意愿具有显著正向影响，并在规制环境与守法意愿关系间具有部分中介作用，质量安全素养对媒体宣传、行业服务与守法意愿关系间具有负向调节作用。由此，亟须实施农业经理人激励约束、加强农业经理人行业自律、促进农业经理人同行交流合作、提升农业经理人媒体素养、着力农业经理人素养教育、促进农业经理人法律科普。

（7）理解农户食品安全风险控制行为形成机理，是确保农村食品供应链源头质量安全，保护产地生态环境、促进食品产业可持续发展的关键。基于计划行为理论，构建农户食品安全风险控制行为意愿研究模型，在广州市采集了 239 个有效样本，运用结构方程技术实证分析价值认同、社会信念和能力认知对农户食品安全风险控制行为的影响。实证结果表明，农户食品安全风险控制行为受到价值认同、社会信念和能力认知的正向影响。其中，能力认知对农户食品安全风险控制行为的影响最为显著。亟须培育农户食品安全控制意识、创造良好社会舆论氛围、加大政府资金扶持力度和技术支撑措施、开展农户食品安全控制技能培训、实施农户食品安全风险控制行为激励政策、健全食品安全风险控制监督机制。

(8) 从营销因素、心理因素、个体因素和购买行为综合视角，构建农村居民食品安全购买决策研究模型。通过对梅州市农村地区消费者农村居民食品安全购买决策的调查，采用 Logistic 回归分析方法，分别对消费者购买行为进行描述性统计分析，对影响消费者购买行为的因素进行计量分析。实证结果表明，农村居民对无土栽培农产品购买便利性、经济性、品牌声誉、口感的认可程度及无土栽培农产品购买意愿是影响农村居民食品安全购买决策的最显著因素；农村居民对无土栽培农产品促销多样性的认可程度及对无土栽培农产品的体验愉悦度是影响农村居民食品安全购买决策的较显著因素；农村居民对无土栽培农产品的概念认知程度、质量安全感知情况、偏好情况以及农村居民自身年龄、文化程度及家庭中老人和小孩的情况是影响农村居民食品安全购买决策的显著因素。

(9) 理解消费者电商扶贫农产品重购意愿形成机理，有利于促进电商扶贫农产品市场销售，推动精准扶贫、乡村振兴战略实施。基于“风险一价值”双重视角，构建电商扶贫农产品消费者重购意愿模型，运用结构方程技术，研究感知风险和感知价值对重购意愿的影响，检验信任的中介作用和社会责任的调节效应。实证结果表明，质量风险和供应风险对重购意愿有显著负向影响，价格价值、公益价值和服务价值对重购意愿有显著负向影响，信任在感知风险、感知价值和重购意愿间因果关系具有部分中介效应，社会责任在感知风险、感知价值与信任间因果关系起正向调节作用。

（10）协同治理是实施食品安全战略、推进农村食品安全风险的有效路径。立足我国农村食品安全风险现状，遵循多环节覆盖、多部门联动、多主体参与、多渠道规制、多信息追溯、多形式宣传路径，实现农村食品安全风险协同治理均衡化、协同化、多元化、法规化、透明化、公益化。构建协同治理制度体系，优化协同治理科技环境，提供协同治理科普宣传，压实协同治理主体责任，建设协同治理监管队伍是筑牢食品安全防线，实现食品安全风险协同治理的必由之路。

目 录

1 绪论

1.1 研究背景

随着农业产业转型升级，农村消费水平不断提升，2018年我国农村常住人口约5.6亿人，占全国总人口40%以上；农村社会消费品零售总额达55 350亿元，居民生活得到极大改善。当前全面建成小康社会进入决胜期，解决好“三农”问题是全党工作重中之重。然而，我国农村食品安全风险仍然存在，诸如“康帅傅”“六大核桃”等农村“三无食品”及“山寨食品”，“亲嘴牛筋”等农村“五毛食品”，“土法红糖”等农村“自制食品”等消费欺诈屡见不鲜，威胁农村居民人身安全。2019年中央1号文件指出，实施农产品质量安全保障工程，促进农村食品安全战略有效实施，是增强农村食品安全治理能力，全面促进农村社会发展的重要保障之一。我国食品安全形势总体平稳向好，然而基层农村食品质量安全风险仍不容忽视，亟须把握我国农村食品安全现状与问题，探讨农村食品安全风险治理的实践路径。

农村食品安全风险协同治理是实施食品安全战略、推进农村食品安全风险治理的有效路径。2015年《中华人民共和国食品安全法》强调“食品安全工作实行预防为主、风险管理、全程控制、社会共治”；2017年党的十九大报告强调“打造共建共治共享的社会治理格局”；2018年习近平总书记强调“加快形成共建共治共享的现代基层社会治理新格局”；2019年习近平总书记强调“完善党委领导、政府负责、社会协同、公众参与、法治保障的社会治理体制”。农村是保障农产品质量安全的源头和基础，然而，我国乡村地区居民数量庞大，经济发展缓慢，农村食品安全工作起步晚。此外，政府失灵导致资源配置不足、监管效率低下，信息不对称引发党政机构、食品企业、农村消费者等多方主体沟通不畅，农村地区劣质食品大量倾销、违禁物品肆意添加等食品安全事件频现。由此，在农村食品安全风险协同治理中发挥社会组织专业性、自治性、独立性等优势，构建农村食品安全风险协同治理新格局，对于推进平安乡村建设，满足农村地区人民群众美好需求，具有重要现实意义。以往关于社会共治的研究成果，主要基于管理学、社会学和法学等视角，集中在网络规制、公共服务和法规体系等领域，围绕界定主体、健全法规、体制比较和提升绩效等内容展开，专门针对农村食品安全治理的研究成果较为匮乏，立足我国农村食品安全治理现状与问题，从政府、农业经理人、消费者等多方主体视角，探析农村食品安全治理策略的研究成果更是少见。综上所述，在我国城乡一体化进程不断加快、乡村振兴战略有效实施、食品安全战略积极推进的背景下，必须保障农村地区食品优质供给。如何有效地实施农村食品安全风险识别，借鉴国内外农村食品安全治理模式与经验，发挥政府、农业经理人、消费者等多方主体的职责和职能，实现保障农村消费者人身安全、促进农村食品产业可持续发展、维持农村社会和谐稳定的目标，保障乡村振兴战略实施将是一个迫切需要研究的课题。基于此，本书拟遵循“现实与问题—系统机理—主体意愿—策略及支撑”的农村食品安全风险协同治理研究框架，研究农村食品安全治理、症结、经验及实践路径。

1.2 研究意义

本书研究的理论意义集中体现在以下方面：

第一，弥补对农村食品安全风险识别研究的不足。以往关于食品安全风险管理研究成果主要从风险关键环节和主要症结等维度展开，较少立足农村地区实际，基于供应链不同环节深入剖析风险特征和风险归因。本书立足农村质量安全风险特殊情景，全面地、深入地研究农村食品安全风险分布的主要环节，这在一定程度上弥补了现有研究成果的不足。

第二，加强农村食品安全风险治理系统研究。农村食品安全风险治理涵盖食品供应链全过程，涉及多部门、多主体，是一项复杂的系统工程，亟须采用系统的思维及方法进行审视及分析。当前，国内相关研究成果大多数从机制与对策等角度探讨农村食品安全监管问题，而从系统整体视角厘清农村食品安全风险治理系统要素和子系统运作机理的研究成果尚不多见。为此，本书立足 WSR 系统方法论“整体辨析、分层探究、综合讨论”逻辑线索，构建我国农村食品安全风险协同治理系统框架，在一定程度上弥补了国内农村食品安全风险治理系统研究的不足。

第三，深化农村食品安全风险协同治理理论研究与模型化研究。我国农村食品安全多方主体涵盖政府、监管人员、市场主体、行业协会、媒体、农户及合作经济组织、消费者等，这些主体相互协调、配合，共同开展农村食品安全隐患排查、专项整治、科普宣传等监管行动，形成紧密、稳定的监管相关主体关系，共同推进农村食品安全监管有效落实。以往研究成果大多立足政府部门研究农村食品安全监管对策，从多方主体视角分析农业经理人食品安全守法意愿、农户食品安全风险控制行为、农村消费者食品安全购买决策的成果相对欠缺。因此，本书综合运用系统理论、风险感知理论等分析农村食品安全风险协同治理多方主体意愿与行为形成机理。本书可推动农村食品安全风险治理定量化和模型化研究，以实证研究推动农村食品安全风险治理理论进展。

第四，促进农村食品安全风险协同治理研究。农村食品安全风险治理必须全民参与、共治共享。为推进农村食品安全风险协同治理，必须对农村食品安全风险治理影响因素进行因果解释和推论。为此，本书从 WSR 系统视角出发，基于社会表征理论，从“主体—客体—过程—情境”综合维度分析我国农村食品安全风险治理系统结构，辨析“物理—事理—人理”间相互作用规律，为明确我国农村食品安全风险协同治理系统特征提供理论指导。因此，本书在一定程度上弥补了从多方参与视角对农村食品安全风险协同治理研究的不足，进一步推动了农村食品安全风险治理的理论发展。

本书研究的应用价值集中体现在以下方面：

第一，为激励农村食品安全风险治理相关主体提供理论依据。农村食品安全风险协同治理需要激励多方主体各尽其责，首先要揭示相关主体实施食品安全风险治理的态度、意愿和行为，据之有的放矢地实施农村食品安全风险协同治理激励约束机制。本书构建的农业经理人食品安全守法意愿研究模型、农业食品安全风险控制行为研究模型等，为我国农村食品安全风险协同治理提供理论支撑和决策参考。

第二，为农村食品安全风险治理由“单一监管”向“社会共治”转变提供决策参考。我国农村食品安全风险信息隐匿性加剧、责任主体多、归因错综复杂，亟须有效解决市场失灵，弥补政府单一监管的不足。因此，农村食品安全风险管理需要激发多元主体形成纵向一体、横向联动、全面覆盖的协同新格局。本书理顺政府、农业经理人、农户、消费者等多方主体的意愿和职责，有利于设计多环节覆盖、多部门联动、多主体参与、多渠道规制、多信息追溯和多形式宣传的协同治理机制，优化农村食品安全风险协同治理对策。

1.3 研究内容

本书以“农村食品安全风险协同治演进轨迹与特征→风险协同治理系统分析→风险协同治理环节与症结→风险协同治理主体意愿→风险协同治理管理对策”为逻辑线索，厘清农村食品安全风险协同治理现状与窘境，分析农村食品安全风险协同治理主体、客体、过程与情境，剖析农村食品安全风险协同治理复杂性，揭示农村食品安全风险协同治理主体意愿与行为，提出农村食品安全风险协同治理管理策略。主要研究内容设计思路如图 1－1 所示。

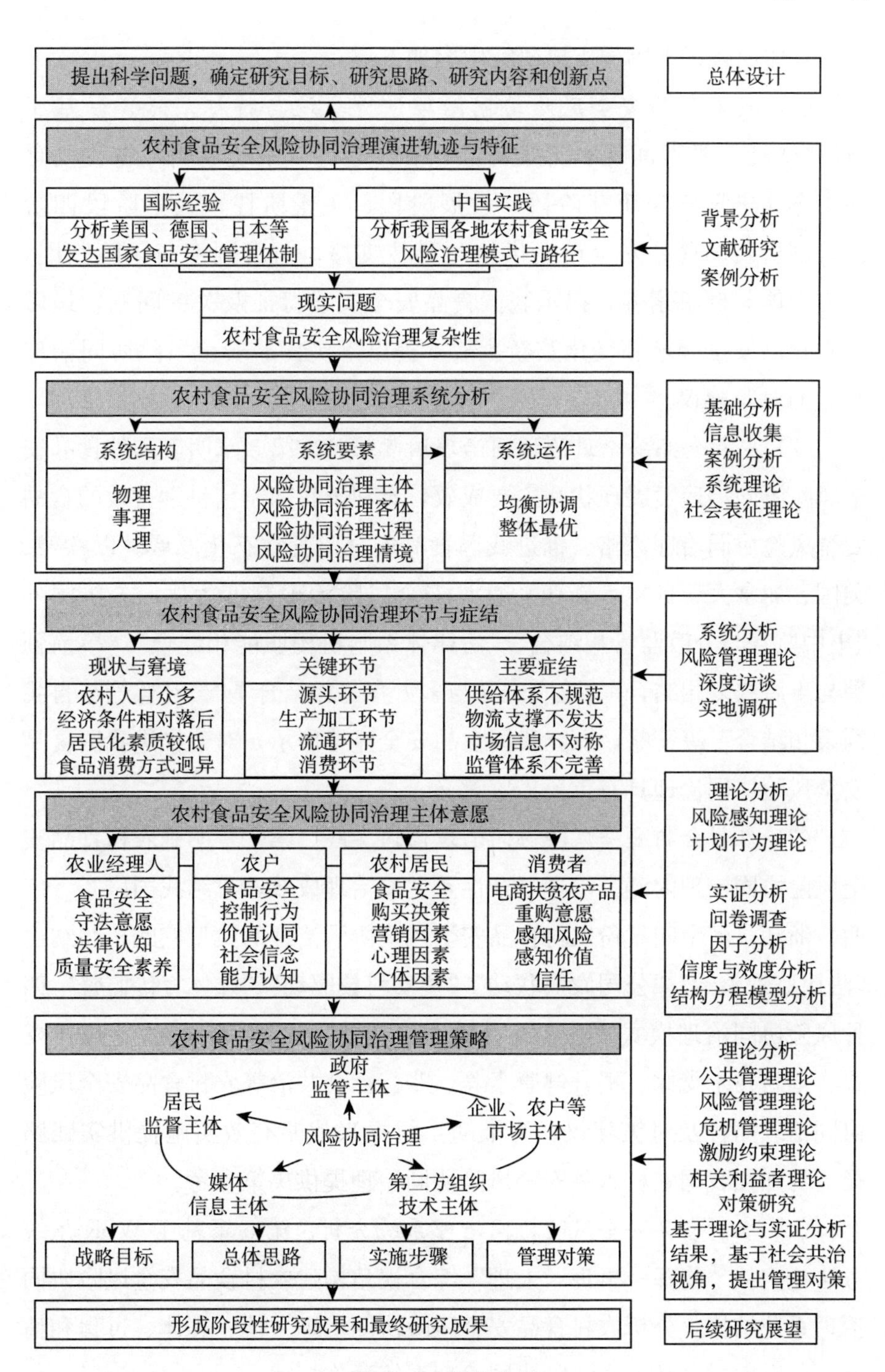
提出科学问题，确定研究目标、研究思路、研究内容和创新点
总体设计
农村食品安全风险协同治理演进轨迹与特征
国际经验
分析美国、德国、日本等
发达国家食品安全管理体制
中国实践
分析我国各地农村食品安全
风险治理模式与路径
背景分析
文献研究
案例分析
现实问题
农村食品安全风险治理复杂性
农村食品安全风险协同治理系统分析
系统结构
物理
事理
人理
系统要素
风险协同治理主体
风险协同治理客体
风险协同治理过程
风险协同治理情境
系统运作
均衡协调
整体最优
基础分析
信息收集
案例分析
系统理论
社会表征理论
农村食品安全风险协同治理环节与症结
现状与窘境
农村人口众多
经济条件相对落后
居民化素质较低
食品消费方式迥异
关键环节
源头环节
生产加工环节
流通环节
消费环节
主要症结
供给体系不规范
物流支撑不发达
市场信息不对称
监管体系不完善
系统分析
风险管理理论
深度访谈
实地调研
农村食品安全风险协同治理主体意愿
农业经理人
食品安全
守法意愿
法律认知
质量安全素养
农户
食品安全
控制行为
价值认同
社会信念
能力认知
农村居民
食品安全
购买决策
营销因素
心理因素
个体因素
消费者
电商扶贫农产品
重购意愿
感知风险
感知价值
信任
理论分析
风险感知理论
计划行为理论
实证分析
问卷调查
因子分析
信度与效度分析
结构方程模型分析
农村食品安全风险协同治理管理策略
政府
监管主体
居民
监督主体
企业、农户等
市场主体
风险协同治理
媒体
信息主体
第三方组织
技术主体
战略目标
总体思路
实施步骤
管理对策
理论分析
公共管理理论
风险管理理论
危机管理理论
激励约束理论
相关利益者理论
对策研究
基于理论与实证分析
结果，基于社会共治
视角，提出管理对策
形成阶段性研究成果和最终研究成果
后续研究展望

图 1-1 研究内容

具体而言，本书的主要研究内容如下：

(1) 我国食品安全风险协同治理演进轨迹与特征。第 2 章基于“环境变迁—要素涌现—实践特征—演进趋势”系统逻辑，将我国食品安全演进划分为萌芽阶段、发展阶段、关键阶段、共享阶段四阶段，剖析我国食品安全市场供给与科技支撑，监管制度与风险归因，多方主体与健康素养，揭示我国食品安全实践特征及关键问题。最后面对食品安全领域新变化及新挑战，提出落实食品安全风险协同治理愿景的对策建议。

(2) 农村食品安全风险协同治理国际经验。第 3 章明确国外食品安全风险协同治理发展现状和主要成效，有利于我国制定科学有效的食品安全风险协同治理策略、推进我国食品安全监管常态化发展。以欧盟、美国、加拿大、日本、新西兰食品安全风险治理制度为例，分析国外“集中监管与分散监管相结合”“法律体系与机构职能相结合”“事前预警与事后修复相结合”“政府主导与多方参与相结合”“公开监管与自我约束相结合”等策略，探究我国食品安全监管启示，对于推进我国食品安全风险协同治理具有重要借鉴意义。

(3) 农村食品安全风险协同治理国内实践。第 4 章明确农村食品安全风险协同治理内涵、治理复杂性及主要治理成效，总结我国广东、广西、浙江、河南四省份农村食品安全风险协同治理的典型实践，归纳出“法律监管整治”“公司农户联动”“食安科技驱动”“媒体宣传监督”四种风险协同治理模式，并在此基础上探讨落实主体责任、优化合作模式、创新技术支撑、提升健康素养、践行社会共治等农村食品安全风险协同治理路径及对策建议，为推动乡村振兴战略有效实施提供实践路径，为加强我国农村食品安全风险协同治理提供决策参考。

(4) 农村食品安全风险协同治理系统分析。第 5 章基于 WSR 系统方法论，从“物理—事理—人理”综合视角构建农村食品安全风险协同治理系统结构，分析农村食品安全风险协同治理主体、客体、过程和情境，研究农村食品安全风险协同治理系统运作规律。

（5）*农村食品安全风险协同治理环节与症结。*第6章开展农村食品安全风险协同治理，是推进平安乡村建设，全面促进农村社会发展的重要保障。基于源头环节、生产加工环节、流通环节及消费环节分析农村食品安全风险协同治理关键环节，从农村食品安全供应链内部供给体系不规范、物流支撑不发达、市场信息不对称，以及供应链外部社会环境不发达、监管体系不完善、观念意识不成熟来剖析农村食品安全风险协同治理主要症结。

（6）*农业经理人食品安全守法意愿。*第7章探讨规制环境对农业经理人食品安全守法意愿的影响，检验法律认知的中介作用与质量安全素养的调节效应。运用结构方程技术对来自广东384位农业经理人问卷数据的研究显示，政府监管、行业服务和邻里效应对守法意愿均具有显著正向影响；媒体宣传对守法意愿具有显著负向影响；行业服务对法律认知具有显著正向影响；法律认知对守法意愿具有显著正向影响，并在规制环境与守法意愿关系间具有部分中介作用，质量安全素养对媒体宣传、行业服务与守法意愿关系间具有负向调节作用。由此，亟须实施农业经理人激励约束、加强农业经理人行业自律、促进农业经理人同行交流合作、提升农业经理人媒体素养、着力农业经理人素养教育、促进农业经理人法律科普。

（7）*农户食品安全风险控制行为。*第8章基于计划行为理论，构建农户食品安全风险控制行为意愿研究模型，在广州市采集了239个有效样本，运用结构方程技术实证分析了价值认同、社会信念和能力认知对农户食品安全风险控制行为的影响。实证结果表明，农户食品安全风险控制行为受到价值认同、社会信念和能力认知的正向影响。其中，能力认知对农户食品安全风险控制行为的影响最为显著。由此，亟须培育农户食品安全控制意识、创造良好社会舆论氛围、加大政府资金扶持力度和技术支撑措施、开展农户食品安全控制技能培训、实施农户食品安全风险控制行为激励政策、健全食品安全控制的监督管理机制。

（8）农村居民食品安全购买决策。第9章从营销因素、心理因素、个体因素和购买行为综合视角，构建农村居民食品安全购买决策研究模型。通过对梅州市农村地区消费者农村居民食品安全购买决策的调查，采用Logistic回归分析方法，分别对消费者购买行为进行描述性统计分析，对影响消费者购买行为的因素进行计量分析。实证结果表明，农村居民对无土栽培农产品购买便利性、经济性、品牌声誉、口感的认可程度及无土栽培农产品购买意愿是影响农村居民食品安全购买决策的最显著因素；农村居民对无土栽培农产品促销多样性的认可程度及对无土栽培农产品的体验愉悦度是影响农村居民食品安全购买决策的较显著因素；农村居民对无土栽培农产品的概念认知程度、质量安全感知情况、偏好情况以及农村居民自身年龄、文化程度及家庭中老人和小孩的情况是影响农村居民食品安全购买决策的显著因素。

（9）电商扶贫农产品消费者重购意愿。第10章基于“风险—价值”双重视角，构建电商扶贫农产品消费者重购意愿模型，运用结构方程技术，研究感知风险和感知价值对重购意愿的影响，检验信任的中介作用和社会责任的调节效应。实证结果表明，质量风险和供应风险对重购意愿有显著负向影响，价格价值、公益价值和服务价值对重购意愿有显著负向影响，信任在感知风险、感知价值和重购意愿间因果关系具有部分中介效应，社会责任在感知风险、感知价值与信任间因果关系起正向调节作用。

（10）农村食品安全风险协同治理对策及保障。第11章基于理论与实证分析结果，从多环节覆盖、多部门联动、多主体参与、多渠道规制、多信息追溯和多形式宣传等视角，提出农村食品安全风险协同治理均衡化、协同化、多元化、法规化、透明化和公益化的愿景与策略，并提出一系列构建协同治理制度体系、优化协同治理科技环境、提供协同治理科普宣传、压实协同治理主体责任、建设协同治理监管队伍的支撑保障措施。

1.4 创新点

农村食品安全风险协同治理对于构建农村食品安全社会共治新格局，对于推进平安乡村建设，满足农村地区人民群众美好需求尤为重要。然而，以往研究成果关于农村食品安全风险治理的系统逻辑、主体意愿和实践路径等方面仍有待进一步深入探究。本书拟在上述几个方面进行更加全面的、深入的探索性尝试。本书的创新之处主要体现如下：

第一，为推进具有“中国特色”的农村食品安全风险协同治理提供新的逻辑框架。在我国农村食品安全风险协同治理复杂性明显、食品安全风险隐患突出的现实背景下，本书广泛收集国内外农村食品安全风险协同治理资料、数据和案例，尝试遵循“演进轨迹—现实表征—关键环节—主要症结”逻辑线索，厘清农村食品安全风险协同治理复杂性及其化解思路，构建充分体现我国国情与特色的农村食品安全风险协同治理研究框架。本书推动农村食品安全风险协同治理细化研究进展，为农村食品安全风险管理研究提供新思路。

第二，尝试在我国农村食品安全风险协同治理系统机理研究上取得突破，挖掘农村食品安全风险管理新的视角。一方面，立足我国农村食品安全风险治理实际，基于 WSR 系统方法论构建系统框架，全面、深入地分析我国农村食品安全风险协同治理的“物理”“事理”和“人理”三维系统要素；另一方面，综合研究我国农村食品安全风险协同治理主体、客体、过程和情境，进而揭示我国农村食品安全风险协同治理系统运作规律。本书从系统整体视角揭示我国农村食品安全风险协同治理的机理与管理对策，在研究视角上努力突破。

第三，尝试在农村食品安全风险协同治理实证分析方法上突破。当前关于农产品质量安全风险管理相关研究中，大多数运用描述性统计分析、案例分析和回归分析等方法，本书构建农业经理人食品安全守法意愿研究模型、农户食品安全控制行为研究模型、农村居民食品安全购买决策研究模型和电商扶贫农产品消费者重购意愿研究模型，运用回归分析、结构方程技术等实证方法，尝试性地将组织行为学和消费者行为学的理论和方法应用到我国农村食品安全风险治理主体意愿定量化研究中，在农村食品安全风险治理实证分析方法上取得突破。

第四，探讨我国农村食品安全风险协同治理管理策略与支撑保障，为优化农村食品安全风险管理献计献策。农村食品安全风险管理需要从政府单一主体监管向多元共治转变，需要构建一个相互协调的综合治理体系。本书基于理论和实证分析结果，从政府、农业企业、农业经理人、农户、第三方机构、媒体和消费者多元主体角度，提出构建一个各尽其责、相互配合、均衡协调的农村食品安全风险协同治理框架，明确各主体在农村食品安全风险共治共享中的地位和作用，制定有效的激励约束机制，多方参与形成合力，实施有序的、稳定的多元治理管理对策。本书努力为政府、农业经理人等相关主体实施农村食品安全风险管理提供新的理论依据和决策参考。

2 我国食品安全风险协同治理演进轨迹与特征

2.1 研究背景

新中国成立70周年以来，我国农业产业化进程不断加快，社会经济持续发展，人民生活水平日益提高。党的十九大报告指出，中国特色社会主义进入新时代，我国社会主要矛盾已经转化为人民日益增长的美好生活需要和不平衡不充分的发展之间的矛盾。解决食品安全领域不充分不平衡问题的重点任务是实施食品安全战略，让人民群众吃得放心。《中华人民共和国食品安全法》将食品安全界定为“食品无毒、无害，符合应有营养要求，对人体健康不造成任何急性、亚急性或者慢性危害”。食品安全是一个复杂的系统概念，涵盖食品数量安全、质量安全和营养安全（胡颖廉，2016）。当前，食品安全主要是指食品质量安全。构建严密高效的食品安全风险协同治理体系是保障我国消费者人身安全、维持社会和谐稳定、提升国家综合实力的重要保证。新中国成立70周年，我国食品安全发展克服了重重困难，取得瞩目的成就，当前我国食品安全总体形势稳定向好。据国家市场监督管理总局通告，2018年第三季度全国食品样品监督抽检合格率为97.6%，食品安全风险协同治理成效显著。然而，由于质量安全标准体系不健全，监管体制效率低，企业社会责任缺失，冷链物流设施相对落后等弊端，导致食品生产加工流通环节存在采用过期原材料，农药残留超标，假冒伪劣、以次充好等食品质量安全风险隐患，我国食品安全形势依然严峻。

厘清我国食品安全演进脉络，剖析我国食品安全实践规律，研判我国食品安全美好愿景，对于夯实我国食品安全战略有着重要的理论和现实意义。学者们对我国食品安全问题展开了相关研究。周洁红等（2018）回顾改革开放40周年我国食品安全风险协同治理体制发展历程、存在问题，借鉴欧美经验提出我国食品安全风险协同治理体制未来展望；文晓巍等（2018）基于政策法规、主流期刊、权威媒体三维视角，对改革开放四十周年以来我国食品安全问题关注重点变迁及内在逻辑进行梳理；王可山和苏昕（2018）对我国改革开放40年来食品安全政策演进各阶段特征进行了梳理，重点揭示了我国食品安全政策变迁的主要特征；靳明和陈雯（2018）基于供给侧改革与消费端刺激的相关理论及制度变迁理论，分析了我国乳制品行业制度变迁历程、方式与政策特征；李亘等（2017）指出我国食品安全风险协同治理体系有待优化，存在监管各环节协调能力不足，监管制度落实不到位等困境；胡颖廉（2016）基于历史制度主义分析方法构建环境—目标—制度分析框架，对我国食品安全理念与实践进行全面分析；王常伟和顾海英（2014）梳理我国食品安全保障体系阶段性历程的特点并分析各阶段关键性问题；曾蓓和崔焕金（2012）运用政策演进回溯方法回顾1978—2011年我国食品安全规制的政策调控历程，对比分析我国食品安全规制的内生性调控政策和外生性调控政策；文晓巍和刘妙玲（2012）对我国2002—2011年食品安全事件的关键成因、薄弱环节、危害程度最大环节和监管“软肋”进行了全面分析；刘鹏（2010）从监管者、监管对象及监管过程的综合视角对新中国成立60周年以来我国食品安全风险协同治理历史与现状进行描述，探讨我国食品安全风险协同治理体制的改革方向；邓刚宏（2015）提出构建食品安全风险协同治理体系是未来改革的趋向。由此可得，以往研究成果大多以我国食品安全风险协同治理历程为逻辑线索，围绕我国食品安全发展轨迹、现状与问题展开，重点关注我国食品安全政策、理念、保障体系和监管体制等。然而，食品安全是一项复杂的系统工程，涉及供应链环节长、构成要素复杂、参与主体多，已有成果较少从系统整体视角研究我国食品安全演进脉络、内在机理与发展趋势。基于此，立足新中国成立70周年研究背景，描述我国食品安全发展阶段，运用系统方法论深入分析我国食品安全要素涌现、制度更迭和主体创新，在总结我国食品安全成就基础上，展望我国食品安全多方参与风险协同治理新格局，构筑满足人民群众美好生活需求的共同愿景，为完善我国食品安全政策提供理论依据和决策参考，推进新时代我国食品安全再续新篇。

2.2 我国食品安全风险协同治理演进系统框架

我国食品安全发展是一项长期的、复杂的系统工程，需要从系统整体视角进行回顾与深度探析。新中国成立70周年来，我国工业化进程加快，农业产业化程度不断提高，科技创新驱动发展，人民生活水平明显改善。我国由传统农业粗放型增长模式转为集约经营模式，农业综合生产能力不断提升，1952年我国农业总产值约为396亿元，2018年增至61 452.6万亿元，约为1952年的155倍；以水产品为例，1949年我国水产品总产量仅为45万吨，2018年水产品总产量增至6 469万吨，约为1949年的143倍。全面、深入地审视我国食品安全发展轨迹与问题，揭示我国食品安全实践特征与主要症结，描绘我国食品安全风险协同治理美好愿景，必须构建系统分析框架。

系统由相互独立又彼此关联的要素组合而成，系统要素与特定的系统外部环境产生动态调适的交互作用，系统结构和系统功能随着时间推进不断演进，实现系统整体效益最优（Su、Tian，2011）。WSR系统方法论提出，系统要素包括物理、事理和人理三维度，其中，物理是指产品、设施设备、场所和科技等管理对象的特征及客观规律，通常要用自然科学知识回答“物”“是什么”的问题，是食品安全风险协同治理的基础和前提；事理指感知、认识、安排和组织客观事物之间规则制度和宗旨理念等关联关系，通常运用运筹学与管理科学方面的知识解决“怎样去做”的问题，是食品安全风险协同治理的保障；人理指研究系统中相关参与主体各自的职能和职责，通常要用人文与社会科学的知识回答“应当怎样做”和“最好怎么做”的问题，是提升食品安全风险协同治理效率的重要途径（张蓓、文晓巍，2012）。

新中国成立70周年我国食品安全处于各个时期特定的产业经济、社会文化和资源科技环境中，食品安全涉及从田头到餐桌的食品供应链生产环节、流通环节和消费环节全过程，涵盖产品、科技、人才、监管制度、法律法规和健康素养等要素，需要企业、政府、媒体、行业协会、科研单位等第三方机构，以及消费者和公众多方参与（刘永胜等，2018）。基于系统论视角（图2-1），本研究遵循“环境—要素—特征—趋势”系统逻辑，分析新中国成立70周年我国食品安全“经济—社会—生态”系统环境，厘清市场供给与科技支撑、监管制度与风险归因和多方主体与健康素养的“物理—事理—人理”系统要素，揭示我国食品安全风险治理各阶段特征规律，展望食品安全发展趋势。

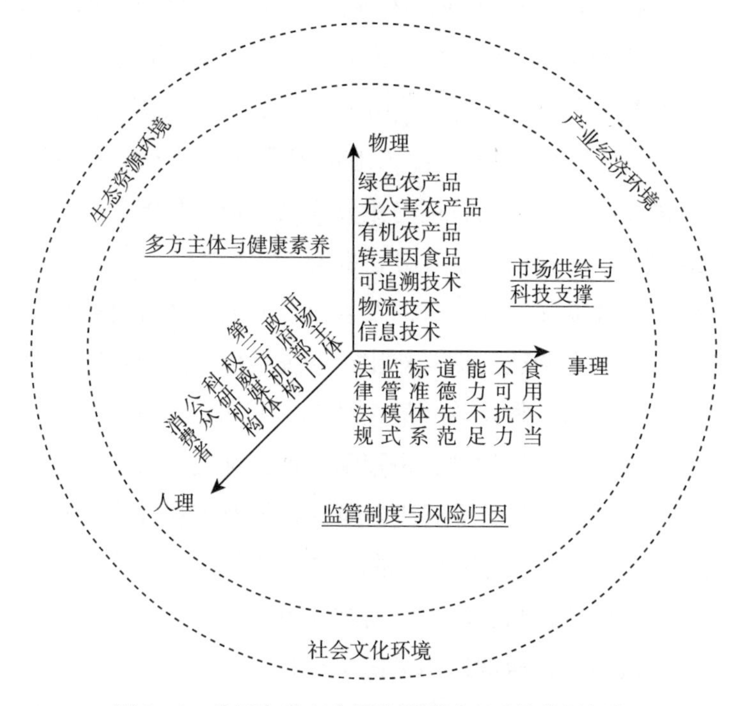

图2-1 我国食品安全风险协同治理系统分析框架

2.3 我国食品安全风险协同治理演进系统环境与系统要素

新中国成立70周年，纵观我国产业经济、社会文化和资源科技环境发展，立足食品领域市场供给与科技支撑、监管制度与风险归因、多方主体和健康素养等变化，结合食品数量安全、食品质量安全和食品营养安全理念特征，将我国食品安全演进划分为四阶段，从系统环境和系统要素视角分析我国食品安全演进脉络。

2.3.1 萌芽阶段（1949—1977年）：解决人民温饱，关注数量安全

新中国成立至改革开放前，我国实行计划经济体制。经历自然灾害，人民群众解决基本温饱需求与食品供给严重短缺产生矛盾，食品安全关键任务是保证食品数量安全。同时，由于食品安全政府监管体制不完善、食品安全科学技术落后、消费者健康素养偏低，食品安全风险协同治理重点侧重于食品卫生防疫管理。

从市场供给与科技支撑来看，新中国成立初期我国自然灾害频繁、农业生产力水平较低导致农副产品供应量严重不足，农产品深加工水平低下。1952年我国粮食产量16 392.5万吨，人均粮食占有量为285.2千克，仅为联合国粮食及农业组织（FAO）粮食安全线的71.3%（甄霖等，2017）。1958年“大跃进”和“人民公社化”运动严重破坏了农村生产力，加之受随后1959年至1961年三年困难时期影响，农产品产量大幅下降，1962年粮食产量为15 441.4万吨，仅为1977年粮食产量28 272.5万吨的54.6%，我国面临食品数量安全危机。这一阶段，为保障供给和稳定粮价，国家粮食部门实施统购统销（于晓华，2018），采取“换购余粮”“超购加价”等措施。1977年我国粮食单位面积产量2 348.2千克/公顷，比1949年1 029.3千克/公顷增加128.1%（图2-2），食品短缺有所缓解。此阶段，我国食品生产、加工等环节科学技术设备落后，科技支撑能力低下。“文化大革命”时期我国高等院校和科研机

构发展停滞，尚无农业部属院校建有食品学院，食品安全学科建设和科研投入严重不足，且我国农业科技三项费用及农业支出占财政支出比重较低（图 2－2）。此外，食品企业仅采用新入职员工体检、思想教育、成绩考核等食品安全管理初级手段，尚未构建完善的管理制度与奖惩体系。

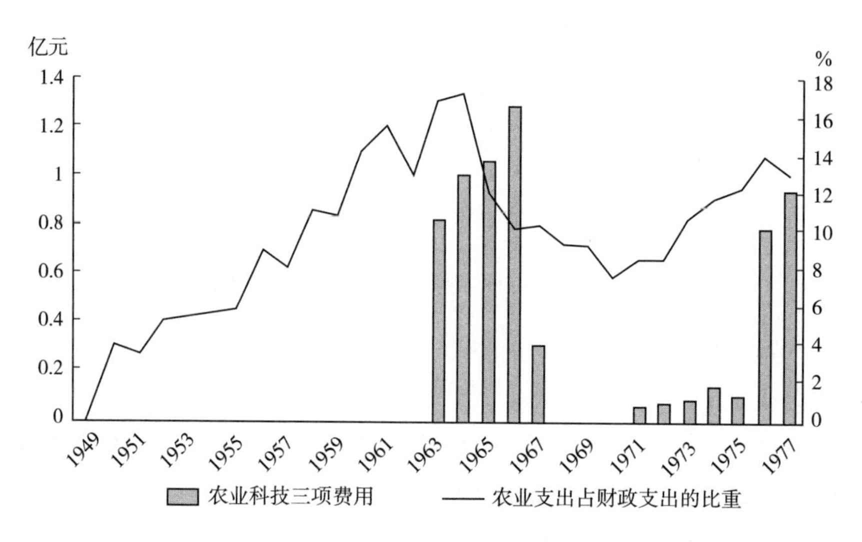

图 2－2　1949—1977 年我国农业科技三项费用及农业支出占财政支出的比重

注：1950—1977 年的数据来源于《新中国五十五年统计资料汇编》。

从监管制度与风险归因来看，1949 年卫生部内设公共卫生局，发布肉、蛋、粮等基础生活消费食品卫生标准。1953 年政务院批准在全国各地广泛设立卫生防疫站，重点进行传染病监督等预防性卫生管理。1956 年实行社会主义工商业改造，工商业中各部门成为食品卫生主管部门，食品卫生监管力度逐步增强。1959 年依托全国各省公社卫生所建立卫生防疫组，形成初具规模的食品卫生防疫监督网络。此时，政企合一的管理体制使食品企业依照政府计划执行食品种类、数量等指标，食品主管部门承担所辖企业食品卫生管理职能，确保食品无毒无变质及足量供给，食品安全风险协同治理逐步细化。此阶段，我国膳食消费结构以植物性食物为主，1952 年人均粮食消费量达 197.67 千克，其中禽肉0.43千克、蛋类1.02千克，导致优质蛋白不足、脂肪占比偏低等现象（李哲敏，2007）。且居民饮食状况单一引发营养不良、抵抗力差等风险隐患，消费者食品安全卫生知识匮乏、食品信息严重不对称、食品消费环节中毒事件频现。可见，这一阶段因利益驱动引发偷工减料、违规掺假等食品安全风险并不突出，食品企业质量安全控制客观条件局限、消费者消费环节食用不当是食品安全风险主要归因。

从多方主体和健康素养看，媒体逐步发挥食品安全监督作用，1949年《人民日报》、中央人民广播电台等提供了食品安全信息平台，但媒体报道针对性不够，报道人员专业性不强等问题阻碍了食品安全信息有效传递（孙正一、柳婷婷，1999）。1958年我国报纸总数达1 776种，但“文化大革命”导致媒体发展停滞，1968年全国报纸总数仅为42种（黄瑚，2009），媒体对食品安全事件报道甚少。1973年彩色电视节目播出增加了食品安全报道生动性和多样性，仍局限于图片报道、电视新闻和口播新闻等形态（胡智锋、周建新，2008）。食品安全事件报道延迟性强、涉及面窄，媒体监管能力仍受局限。同时，食品安全行业协会、第三方检测机构尚未形成，食品安全专业化、制度化监管系统尚未构建。此外，当时农村教育水平不尽人意，1963年每十万人口高等学校平均在校生数仅为108人，居民文化水平低下导致消费者食品安全知识掌握有限、健康素养低，消费者食品安全监督参与意愿不高。

2.3.2 发展阶段（1978—2002年）：经济社会发展，关注卫生安全

1978年改革开放后生产力水平显著提高，1992年邓小平南方谈话进一步践行社会主义市场经济体制，2001年加入世界贸易组织，我国国民经济进入快速发展时期。食品供给体系逐步优化，人民群众开始关注食品卫生安全，食品安全风险协同治理重点从预防肠道传染病扩展到防止一切食源性疾患。

从市场供给与科技支撑来看，家庭联产承包责任制促进了粮食产量与农业经济双重提升，1982年和1983年中央1号文件相继强调展开并

落实“决不放松粮食生产、积极发展多种经营”方针，农民与市场对接加快，居民“菜篮子”日益丰富。1984 年中央 1 号文件提出“提高生产力水平，疏理流通渠道”；1985 年中央 1 号文件提出取消统购统销制度；1986 年中央 1 号文件提出“发展适用于我国农业的新品种、新技术”。随着人民产品需求及品牌意识提升，消费者对食品种类提出更高要求。1988 年农业部开展“菜篮子工程”调整农副产品结构。1989 年我国针对初级农产品推行有机食品认证。1995 年《人民日报》发表“论农业产业化”社论，“公司＋农户”等经营模式大面积推广（钟真，2018），“企业、配送端、连锁超市”三者结合的新型农产品流通模式开始发展。1999 年我国出台《原产地域产品保护规定》，加强对地标农产品保护工作。2000 年我国开始评选国家重点农业产业化龙头企业。农业农村部数据显示，截至 2017 年年底我国国家级重点龙头企业已达 1 242家。2001 年我国实行“无公害食品行动计划”并发布行业标准。同年，北京、广州等相继实施“农改超”计划，扩大生鲜市场规模。2002 年农业部发布《动物免疫标识管理办法》要求“猪、牛、羊佩带免疫耳标”，同时建立免疫档案管理制度，我国食品可追溯体系进入探索阶段。至此，我国农产品品类和流通模式逐渐丰富，为后续食品质量安全提供良好基础。此阶段，我国食品生产加工、检测技术得到发展。20 世纪 80 年代中期，无土栽培设施相继投产，全国无土栽培面积从 1985 年的 7 公顷增至 2000 年的 100 公顷。1997 年国家第一个农业示范区在西安市“杨凌农业高新技术产业示范区”成立，标志着我国食品安全科技支撑良好开端。随后，无冰保鲜等新型科技提升了果蔬、水产品等流通环节质量安全水平。此外，我国农业科技三项费用不断增加，农业支出占财政支出比重较为稳定（图 2－3），且食品企业逐渐重视前沿食品安全标准（Bai 等，2007），相继应用 HACCP、GMP 等国际标准（曾蓓、崔焕金，2012），食品安全检测体系逐步规范。

从监管制度与风险归因来看，农村家庭联产承包责任制极大调动了农民生产积极性，保障食品数量有效供给，同时也为食品安全风险协同

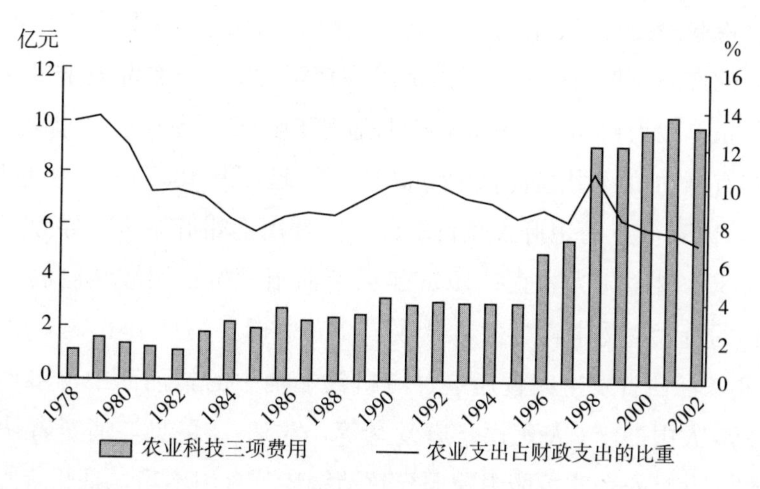

图 2-3 1978—2002 年我国农业科技三项费用及农业支出占财政支出的比重

注：1978—1997 的数据来源于《新中国五十五年统计资料汇编》，1998—2002 年的数据来源于 2007 年《中国统计年鉴》。

治理带来新挑战。一方面卫生部门因管理资源不足导致食品安全风险协同治理漏洞，另一方面行业主管部门与国营企业的从属关系导致消费者合法权益得不到保护。1982 年通过《中华人民共和国食品卫生法（试行)》改变了“食品生产经营主管部门为主、卫生部门为辅”监管格局，卫生部门行使独立制定或批准颁发国家卫生标准等权力，在食品安全风险协同治理中处于领导地位（Guo 等，2019）。1993 年国务院新一轮机构改革，食品生产经营企业正式与轻工业主管部门脱离，政企合一模式消失，食品安全风险协同治理开始向第三方依法独立监管的现代监管体制转变（Zhang 等，2015）。1995 年《中华人民共和国食品卫生法》从法律层面赋予卫生部食品卫生监督执法权力，明确了卫生部在食品监管中的主导地位。这一时期食品安全问题已由食品卫生问题发展到食品供应链质量安全问题，“食品质量安全”概念开始受到重视。1998 年国务院将国家技术监督局改名为国家质量技术监督局，负责监督食品生产流通环节的质量违法行为，同时明确了国家工商行政管理局、农业部等食品安全风险协同治理职权，但二者职能交叉问题严重。2001 年国家质量监督检验检疫总局、国家工商行政管理总局成立，分别负责生产、流通领域的产品质量监督管理，形成了一套相对统一的食品安全风险协同治理体系，也为食品安全多部门分段监管模式打下基础。20世纪70年代广州有毒动植物引起食物中毒高达250起，占48.73%（李迎月等，2001）；1988年上海甲肝大流行事件，因食用毛蚶肝中毒，导致至少发病292 301例，11人死亡；1996年云南曲靖发生食用散装白酒甲醇严重超标的特大食物中毒事件，导致192人中毒，35人死亡，6人致残；1998年，江西省发生因食用装过有机锡油桶中的猪油而中毒事件，导致近200人中毒，3人死亡（唐爱慧等，2015）。可见，消费者认知水平有限、食品安全防控能力薄弱导致消费环节食用不当，是此阶段主要的食品安全风险归因。

从多方主体和健康素养看，1978年1月1日正式开设《新闻联播》节目，呈现我国政治、军事、农业等方面的新闻，并对食品安全事件进行精准报道，拉开了我国食品安全媒体监管的帷幕。1984年创立的《中国食品报》针对食品生产消费等相关政策及国内外先进经验展开报道。1991年中央电视台首次播出“3·15”专题晚会促进消费者维权，监督食品企业产品质量安全。1992年至1999年中央电视台相继创办《每周质量报告》《天天饮食》等栏目，对食品安全事件及消费者食品安全操作规范进行深度报道和详尽示范。此阶段媒体监管能力提升，但存在评论性报道匮乏、媒体人员专业性不足等问题。同时，食品安全行业协会不断涌现。1981年创立的中国食品工业协会推进食品企业信息化建设，1984年建立的消费者协会拓宽食品安全维权渠道，随后，中国蔬菜流通协会等加强食品流通规范与产品基地建设。此外，食品安全检测机构初步发展，2002年谱尼（PONY）测试集团成立，开展“三品”认证及农兽药残留检测工作。再有，此阶段我国教育水平不断提升，每十万人口高等学校平均在校生数由1978年的89人增至2002年的1 146人；城乡居民营养状况逐渐好转，以城乡居民合计蛋白质、脂肪、碳水化合物三大营养素占比为例，1982年蛋白质含量占比11.95%，脂肪占比 8.62%，碳水化合物占比 79.43%，2002 年该比例达到 14.22%，16.45%，69.33%，比例分配趋于均衡（图 2-4）。可见，居民文化水平不断提高，消费者食品安全监督意愿与健康素养得到提升。

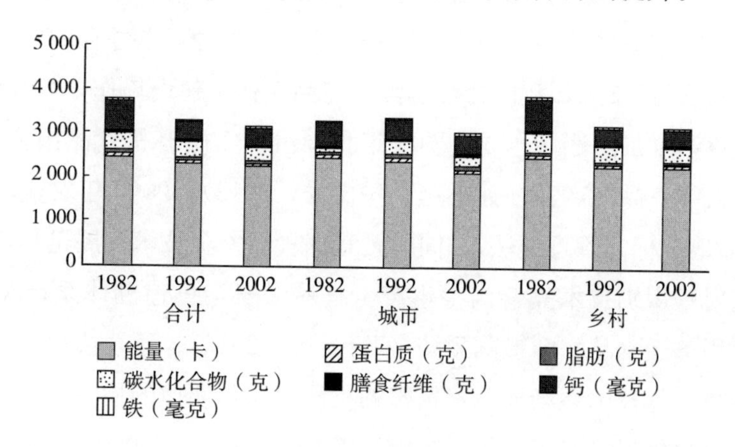

图 2-4　1982—2002 年我国城乡居民每人每日营养素摄入量

数据来源：2014—2015 年《中国卫生和计划生育统计年鉴》。

2.3.3　关键阶段（2003—2012 年）：伤害危机四伏，关注质量安全

迈进 21 世纪，我国深化市场经济体制改革，扩大对外开放程度。2007 年国务院强调积极发展现代农业。2008 年北京成功举办奥运会，同年国务院新闻办公室发布我国首部《国家粮食安全中长期规划纲要（2008—2020 年）》。2012 年新华社指出推进农业科技创新，持续增强农产品供给保障能力，同年中央经济工作会议强调抓好“三农”工作，推动城乡一体化发展。

从市场供给与科技支撑来看，2003 年卫生部开展食品安全行动计划，初步建立食品污染监测网络与食源性疾病预警体系；2004 年中央 1 号文件提出“扩大无公害食品、绿色食品、有机食品生产和供应”；2005 年中央 1 号文件指出“建立规范有序、安全高效的农产品零售体系”；2006 年中央 1 号文件强调“积极发展特色农业、绿色食品和生态农业”；2007 年中央 1 号文件指出“建立农产品质量可追溯制度”；

2008 年中央 1 号文件强调“积极发展绿色食品和有机食品，加强农产品地理标志保护”。2012 年中央农村工作会议正式提出培育新型农业经营主体，促进农业产业化经营及龙头企业发展。我国农业经营主体由改革初期农户家庭经营主导的格局转变为现阶段多种经营并存的格局（钟真，2018）。近年来，我国持续加强“三品一标”建设工作，“三品”认证个数逐渐增加（图 2－5）。2005 年我国组织实施有机食品国家标准，逐步扩大“三品”产业（孙小燕、付文秀，2018）；2007 年农业部公布《农产品地理标志管理办法》。同时，我国食品安全技术发展迅猛，2007 年凭借射频识别技术完善肉牛生产全程质量安全可追溯体系；2008 年北京启用奥运食品安全追溯系统（Tang 等，2015）。随着快检技术、低温介入技术等技术逐渐成熟，精密的检测仪器与便捷的检测手段为食品质量安全提供保障（王殿华、拉娜，2013）。此外，2009 年中央 1 号文件指出“推进转基因生物新品种培育科技重大专项”，2010 年中央 1 号文件强调“加快农业生物育种创新和推广应用体系建设”，2011 年中央 1 号文件强调“健全农田水利建设”，2012 年中央 1 号文件提出“完善农业科技创新”。农业部开展全国农业科技促进活动，对 20 万基层农技人员展开知识更新培训，稳固科技支撑基层力量（农业部，2012）。

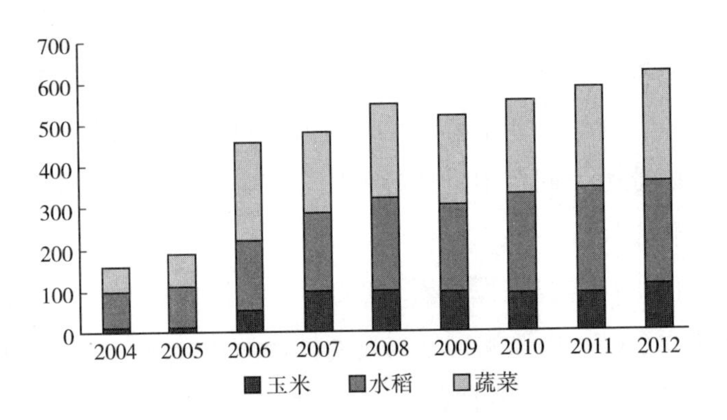

图 2－5　2004—2012 年我国绿色、有机、无公害食品认证个数

数据来源：2004—2012 年《中国农垦统计年鉴》，缺乏 2003 年数据。

从监管制度与风险归因来看，2003 年安徽阜阳劣质奶粉事件凸显食品安全风险协同治理市场失灵与政府失灵，国务院《关于进一步加强食品安全工作的决定》强调对食品安全风险协同治理实行“分段监管为主、品种监管为辅”监管体制。2003年金华火腿违法添加敌敌畏，2006年肯德基苏丹红事件等食品安全事件引致消费者恐慌，食品安全风险协同治理面临严峻挑战。2009年第十一届全国人大第七次会议通过《中华人民共和国食品安全法》，进一步明确“分工负责、统一协调”的分阶段监管体制，卫生部重获综合监管、依法查处重大食品安全事故的职能，确立了农业部、食药监、卫生部等五部门按阶段行使监管权限的多部门分段监管体制（Guo等，2019）。“食品安全”首次被赋予法律内涵并取代“食品卫生”概念。2010年国务院设立食品安全委员会取代卫生部成为更高级别的综合协调机构，并重点对“地沟油”和乳制品质量安全进行综合整治，强化多部门分段监管模式，这一阶段，我国食品抽样检测合格率稳中有升，以肉及肉制品、水产品及豆制品为例，2003年肉及肉制品、水产品、豆制品抽样检测合格率分别为86.0%、88.8%、87.2%，2008年分别增至87.6%、94.0%、90.5%（图2-6）。研究数据显示，食品安全事件在食品深加工环节发生频率最高（38%），其次为农产品初加工环节（20%）及销售/餐饮环节（17%）（图2-7），且我国食品安全事件是由外部因素、不可抗力造成食物污染（4.4%），生产环节食品经营者过量使用农药、滥用添加剂等人为因素（68.2%），从业人员认知不足或非主动性过失造成监管漏洞（10.0%），监管环节惩处制度尚未健全、执法人员徇私舞弊（1.1%）等多原因导致（文晓巍、刘妙玲，2012）。可见，尽管此阶段行政执法力度有所加强，但监管流程尚未规范、利益相关者逐利严重仍成为食品安全风险主要诱因（Pei等，2011）。此外，此阶段食品安全谣言初现，2011年微博谣言“加碘食盐可防核辐射”传播速度快、波及范围广，短时间内引发加碘盐抢购风潮。信息不对称、公众关注度高、媒体自律意识不强、政府监管不力是食品安全谣言的主要诱因（居梦菲、叶中华，2018）。

从多方主体和健康素养看，食品安全媒体监督力度提升，2008年

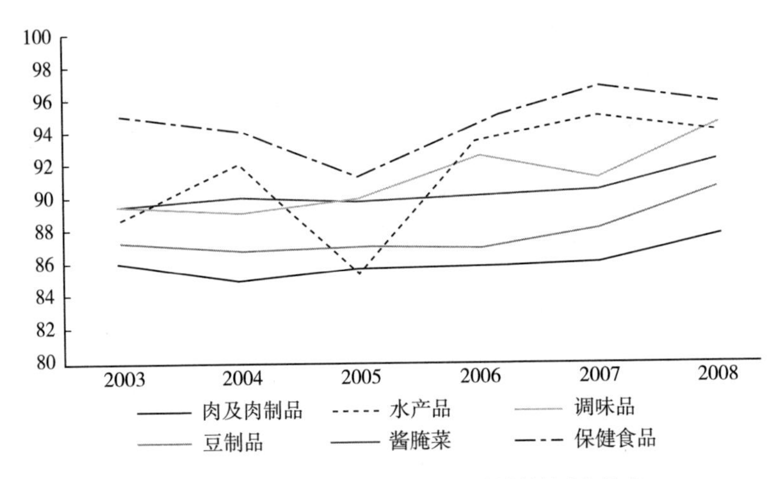

图 2-6 2003—2008 年我国食品抽样检测合格率

数据来源：2004—2009 年《中国卫生健康统计年鉴》，缺乏 2003 和 2010—2013 年统计数据。

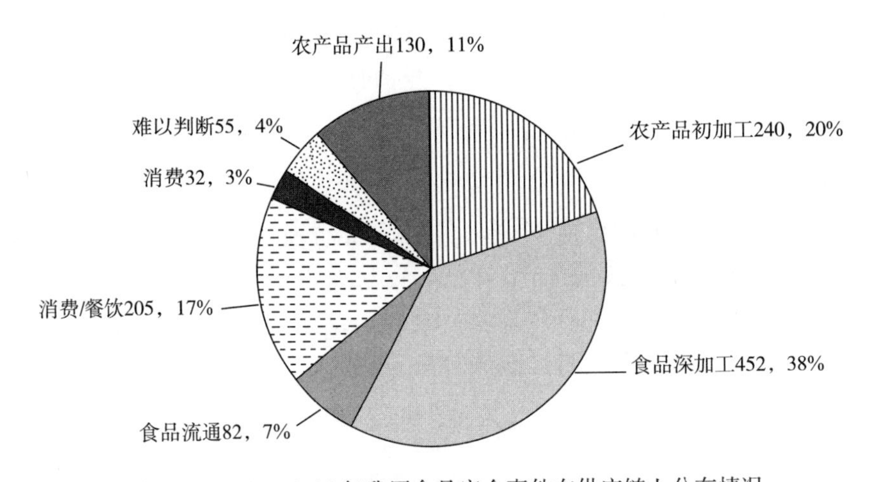

图 2-7 2003—2012 年我国食品安全事件在供应链上分布情况

数据来源：文晓巍，刘妙玲，食品安全的诱因、窘境与监管：2002—2011 年 [J]. 改革，2012 (9)：37-42.

《人民日报》针对“三鹿奶粉事件”等重大食品质量安全事件进行翔实报道，但此阶段媒体信息大多来源于政府部门及官员，消费者和行业协会作为信息来源报道的占比较小（王宇，2012）。随后，新华社、新京报等主流媒体随之纷纷参与食品安全报道与披露。仅以 2011 年为例，除去来自微博等新型媒体舆情信息，我国涉及“食品安全”网络搜索量高达 261

万次（张宏邦，2017）。此外，2003 年至 2012 年，全国媒体报道食品安全案例共计 1 592 个，其中，京华时报、新快报等来源于全国各地的报纸、杂志等纸质媒体报道食品安全案例 1 235 个，中国新闻网、人民网等网络媒体报道食品安全案例 332 个，浙江在线等广播电视报道食品安全案例 25 个（周清杰、徐菲菲，2010），网络媒体在食品安全风险协同治理中作用逐渐显现。商务部数据显示，2006 年我国 21%的超市引入第三方服务机构；“三聚氰胺”事件后，蒙牛委托中国检验检疫科学研究院对产品进行第三方检测（张文静、薛建宏，2016）。可见，第三方检测机构的行业地位逐步确立，保障了我国食品安全检测体系科学运行。随着城镇化步伐不断加快，我国居民食品安全信息获取能力与风险防范意识不断加强。2007 年《国家人口发展战略研究报告》将提高全民健康素养作为提高人口健康素质的关键部分；2011 年国务院食品安全委员会开展第一届“全国食品安全宣传周”科普活动，此阶段我国城乡居民营养状况更加均衡，以城乡居民合计蛋白质、脂肪、碳水化合物三大营养素占比为例，2002 年蛋白质含量占比 14.22%，脂肪占比 16.45%，碳水化合物占比 69.33%，2012 年该比例达到 14.49%、17.95%、67.57%，比例分配趋于合理（图 2-8），消费者健康素养进一步得到提升。

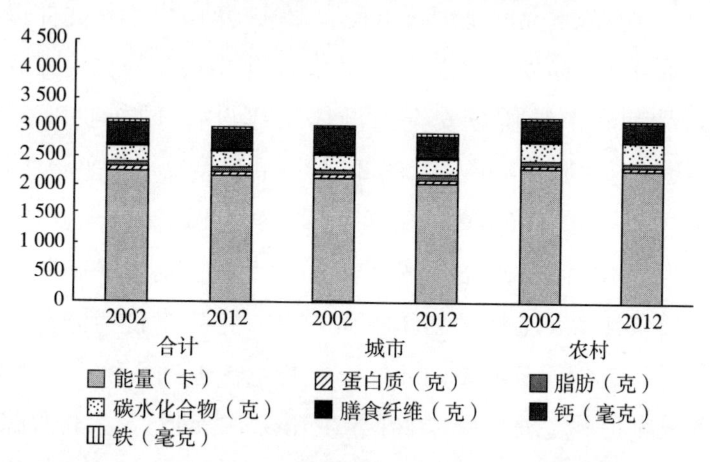

图 2-8　2003—2012 年我国城乡居民每人每日营养素摄入量

数据来源：《中国卫生和计划生育统计年鉴 2015》。由于缺乏 2003 年数据，用 2002 年数据代替。

2.3.4 共享阶段（2013年至今）：实践高质量发展，关注营养安全

2013年习近平主席提出建设“一带一路”合作倡议，与沿线国家共同打造政治互信、经济融合、文化包容的命运共同体。党的十八大提出“乡村振兴战略”，须始终把解决好“三农”问题作为全党工作重中之重，食品安全监管上升到国家战略高度。党的十九大提出经济高质量发展，让改革发展成果更多更公平惠及全体人民。2019年中央1号文件指出“实施农产品质量安全保障工程”，促进食品优质供给与美好需求相匹配，是加快建设中国特色社会主义新征程的重要保障之一。

从市场供给与科技支撑来看，我国经济发展转入新常态，产品质量与效益持续提升，新型食品经营主体不断涌现。2013年中央1号文件提出“创新农业生产经营体制”，2014年中央1号文件指出“扶持发展新型农业经营主体”，2015年习近平总书记提出“着力加强供给侧结构性改革”，国务院印发《关于促进跨境电子商务健康快速发展的指导意见》，强调“引导跨境电子商务主体规范经营行为，承担质量安全主体责任”。在此背景下我国生鲜电商平台发展迅猛，易果生鲜等知名生鲜电商平台方兴未艾，B2C、O2O等商业模式不断创新。2016年中央1号文件指出“实施食品安全创新工程”，2017年中央1号文件提出“健全农产品质量和食品安全标准体系”，2018年中央1号文件强调“加强农业投入品和农产品质量安全追溯体系建设”，同年我国粮食产量66 160.7万吨，达近5年峰值（图2-9）。我国食品电商平台蓬勃发展，2013年我国生鲜电商市场交易规模为126.7亿元，2018年已达2 045.3亿元，约为2013年的16倍（图2-10），市场供给水平不断提升。同时，我国新兴食品安全技术创新驱动。2014年广东食药监发布国内首个覆盖奶粉产销全环节的婴幼儿配方乳粉电子追溯系统；2017年上海学校食品安全追溯管理平台对中小学生在校午餐进行数字化跟踪；2018年京东物流加入全球区块链货运联盟，保证食品安全跨境应急能力。食品安全先进技术得到长足发展，AR增强现实技术等食品安全可视化技

术领域不断扩大，PCR技术等食品安全检测技术不断成熟，食品营养安全保障体系得到有效支撑。

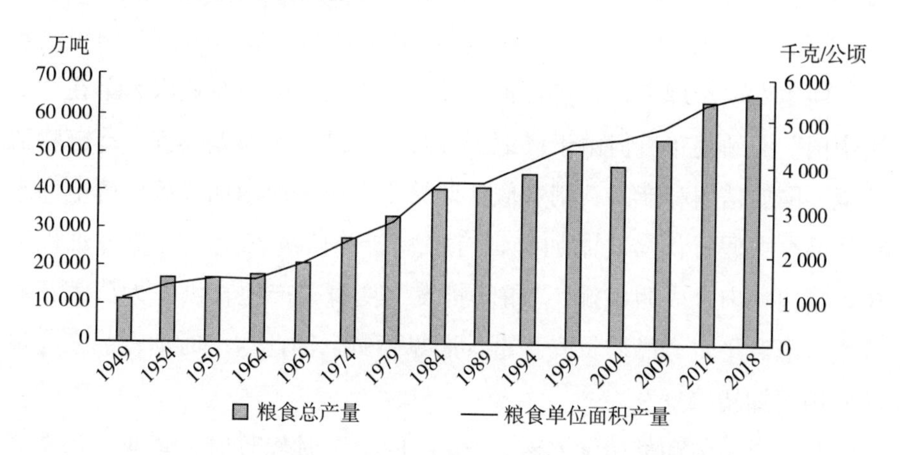

图2-9　1949年至今我国粮食总产量和粮食单位面积产量

数据来源：国家统计局。

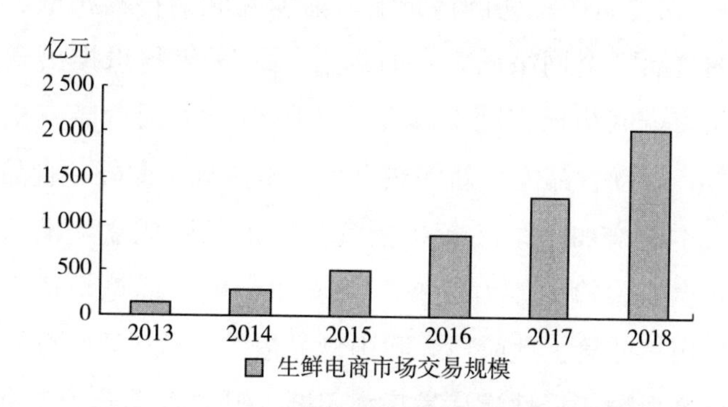

图2-10　2013年至今我国生鲜电商市场交易规模

数据来源：亿邦动力网 http：//www.ebrun.com/20190703/340313.shtml。

从监管制度与风险归因来看，2013年新一轮机构改革整合原食品安全办、食药部门、工商部门，组建国家食品药品监督管理总局，形成三位一体食品安全监管体制，时任国务院副总理汪洋提出建设政府、法治、社会、企业、公众共同参与的食品安全风险协同治理格局（Dong等，2018）。2015年习近平主席提出最严的标准、最严格的监管、最严厉的处罚、最严谨的问责保障食品安全。2016年国家食品药品监督管理总局颁布实施《网络食品安全违法行为查处办法》，规定生鲜电商平台建立食品经营者档案，健全食品安全违法行为举报制度。2017 年“双 11”前，国家发改委会同中央网信办等部门开展电子商务领域严重失信问题专项治理工作，将首批 500 家严重失信电商企业黑名单在“信用中国”网站公布。但由于产地溯源难、产品质量参差不齐、冷链物流窘境、网店信用和产品营销虚假、监管不到位等原因而导致生鲜电商平台产品存在假冒伪劣、添加有毒有害物质等质量安全风险隐患难以避免，猪肉鸭肉合成假牛排、“市场批发”变身“产地直供”无公害菜心等生鲜电商平台产品质量安全事件屡见不鲜。因此这一时期食品安全风险归因更加错综复杂。

从多方主体和健康素养看，“互联网＋”时代政府、企业、消费者等多方主体借助微博、微信等社交媒体进行食品安全风险交流（Zhu 等，2019）。在食品伤害危机背景下，借助互联网传播扩散、未经官方权威证实的食品安全网络谣言不时爆发。2017 年腾讯推出微信辟谣助手进行食品安全网络谣言精准辟谣；2019 年《中国食品安全报》建立微信公众号，解读食品安全新闻热点和政策法规。此外，食品安全第三方行业协会不断增加。2015 年中国食品辟谣联盟成立，推动“互联网＋”食品安全检验检测能力发展。2016 年中国辟谣论坛成立，优化食品安全网络舆情监管。此阶段，我国食品浪费现象严重，饮食结构不科学、高血压高血糖等慢性疾病发病率不断上升，食品营养安全问题得到高度重视。2013 年以来我国陆续开展消费者营养安全教育培训，国务院印发《“健康中国 2030”规划纲要》《国民营养计划（2017—2030 年）》等文件，将食品营养安全提升到国家战略高度，学者们对“食品安全”的关注也逐年增加，以中国知网为例，以“食品安全”为主题进行检索，1950 年发表的科研论文仅为 1 篇，1990 年为 40 篇，2003 年为 1 551 篇，2018 年已达 7 143 篇，约为 1990 年的 178 倍（图 2－11）。2019 年中宣部发布“学习强国”学习平台，用文字、视频的形式向消费者科普安全食品种类、膳食营养参考摄入量指标等食品营养安全知

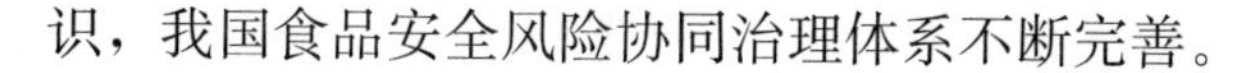

识，我国食品安全风险协同治理体系不断完善。

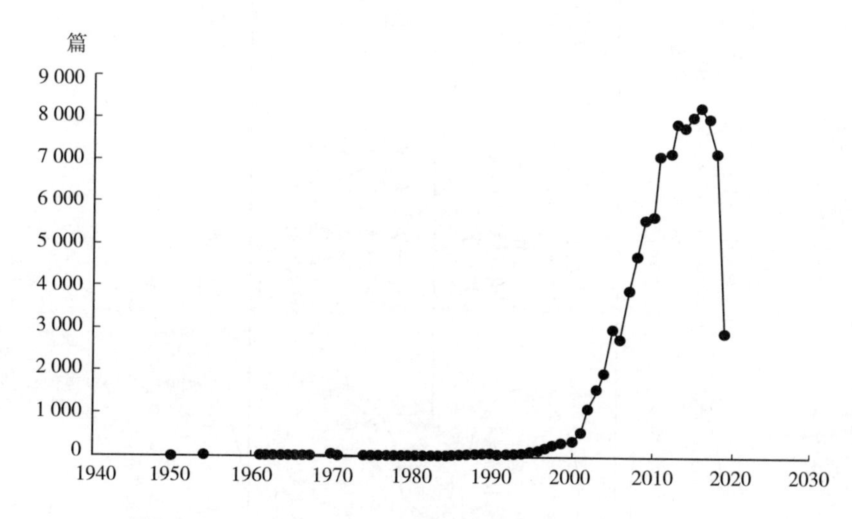

图 2-11　1949 年至今中国知网食品安全期刊科研论文数量

数据来源：知网。以“食品安全”为主题进行检索，数据查找日期截至 2019 年 9 月 18 日。

综上所述，新中国成立 70 周年我国食品安全经历了从关注食品数量安全（1949—1977 年）到关注食品卫生安全（1978—2002 年），从关注食品质量安全（2003—2012 年）到关注食品营养安全（2013 年至今）的演变（图 2-12）。

2.4　我国食品安全风险协同治理演进特征及关键问题

新中国成立 70 周年以来，经济社会繁荣发展，我国食品安全领域成就瞩目，人民日益增长的美好生活需求逐渐满足，但由于关键控制点增加、信息不对称明显、伤害危机防控难、全方位治理艰巨和市场体系繁复等弊端引发的食品安全风险仍然不容小觑。由此，亟须深入剖析新中国成立 70 年以来我国食品安全实践特征，揭示食品安全关键问题。

2.4.1　食品安全供应链环节长，关键控制点增加

全球经济一体化加速了我国食品国际贸易进程，促使食品产业结构

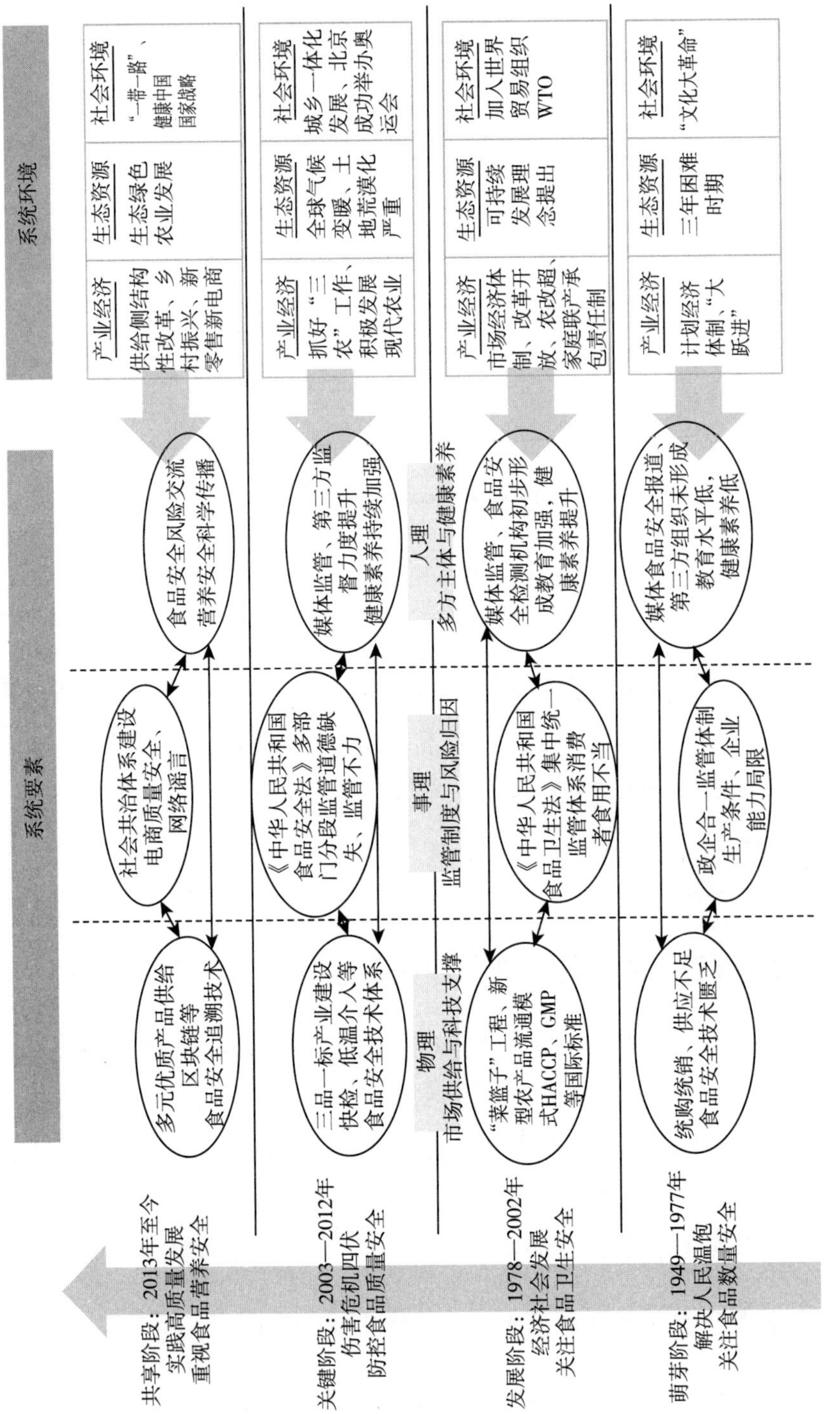

系统要素

系统环境

共享阶段：2013年至今
实践高质量发展
重视食品营养安全

多元优质产品供给
区块链等
食品安全追溯技术

社会共治体系建设
电商质量安全、
网络谣言

食品安全风险交流
营养安全科学传播

产业经济
供给侧结构性改革、乡村振兴、新零售新电商

生态资源
生态绿色农业发展

社会环境
“一带一路”、健康中国国家战略

关键阶段：2003—2012年
伤害危机四伏
防控食品质量安全

三品一标产业建设
快检、低温介入等
食品安全技术体系

《中华人民共和国
食品安全法》多部
门分段监管道德缺
失、监管不力

媒体监管、第三方监
督力度提升
健康素养持续加强

产业经济
抓好“三农”工作、积极发展现代农业

生态资源
全球气候变暖、土地荒漠化严重

社会环境
城乡一体化发展、北京成功举办奥运会

物理
市场供给与科技支撑

事理
监管制度与风险归因

人理
多方主体与健康素养

发展阶段：1978—2002年
经济社会发展
关注食品卫生安全

“菜篮子”工程、新
型农产品流通模
式HACCP、GMP
等国际标准

《中华人民共和国
食品卫生法》集中统一
监管体系消费
者食用不当

媒体监管、食品安
全检测机构初步形
成教育加强，健
康素养提升

产业经济
市场经济体制、改革开放、农改超、家庭联产承包责任制

生态资源
可持续发展理念提出

社会环境
加入世界贸易组织WTO

萌芽阶段：1949—1977年
解决人民温饱
关注食品数量安全

统购统销、供应不足
食品安全技术匮乏

政企合一监管体制
生产条件、企业
能力局限

媒体食品安全报道、
第三方组织未形成
教育水平低，
健康素养低

产业经济
计划经济体制、“大跃进”

生态资源
三年困难时期

社会环境
“文化大革命”

图 2-12　我国食品安全演进脉络

发生了深刻变革，食品生产向精深加工发展，食品流通供应链环节更长，遍及全国乃至全球。例如，全球化食品供应链生产加工涵盖原料采购、品质验收、清洗分割、熟化加工、冷藏冷冻、分级包装和出厂检验等众多环节，这些环节在更大的市场范围里进行资源最优配置，因此食品安全风险在食品原料生产、加工处理、运输配送、第三方认证等关键控制点方面面临质量安全标准差异（Zhou 等，2011）、认证信息可信度低、追溯召回机制不成熟等窘境。新中国成立 70 周年食品安全风险隐患从食品供应链源头环节延伸至流通和消费环节，从粮食重金属元素过量、坚果霉菌毒素超标等食源性风险到食品原料过期变质、超量使用农药激素等人源性风险，从“上海甲肝病毒毛蚶”“安庆剧毒农药包子”等过失型食品伤害危机到“北京苏丹红鸭蛋”“河北三聚氰胺奶粉”等蓄意型食品伤害危机，食品安全领域关注重点从数量安全向卫生安全、质量安全和营养安全不断演进。

2.4.2 食品安全风险隐匿性强，信息不对称明显

我国网络经济不断发展，电子商务网络虚拟性增强使食品搜寻品、经验品和信任品特征凸显，食品安全信息不对称加剧导致风险隐匿性更强。一方面，食品生产加工工艺愈加复杂，食品科技含量不断增加、种类日趋丰富，而生产者制假冒假、以次充好，批发市场蔬菜准入检测缺失重金属、微生物检测项目，经营主体食品标签保质期、营养成分等信息虚假等问题层出不穷，食品供应链信息共享机制不畅通，消费者由于食品知识掌握有限难以甄别食品安全信息，即使知晓，也维权面临“渠道匮乏”和“动机匮乏”窘境。另一方面，我国社会诚信氛围、食品企业诚信档案建设、食品安全信息披露制度、食品安全可追溯体系等有待进一步完善，政府治理成本高，生产者主体分散、流动性强，消费者食品伤害事件滞后性显著等引发食品安全信息不对称加剧，监管盲区不断涌现。近年来我国食品安全网络谣言盛行，其传播内容庞杂、路径多样、受众广泛（张蓓等，2019），微信、微博等社交媒体凭借扁平化的

组织特征与开放性的线上关系网络，成为谣言藏匿的良性土壤，且谣言传播往往冠以“专家披露”等名号，普通消费者难以辨别真假，引发专家学者与消费者之间信任危机。食品安全风险由场景实体化扩展到平台虚拟化，由供应链单一环节拓展为多元环节，隐匿程度不断提升。

2.4.3 食品安全科技涌现性强，伤害危机防控难

新中国成立70年我国食品科技日新月异，然而新型食品技术研发是一把双刃剑，它既为食品产业注入新动能，又在一定程度上提高了食品伤害危机爆发频次，增加了食品伤害危机事前防控和事后修复难度。首先，食品生产科技进步加剧了食品质量安全风险伤害性。例如，转基因技术干预自然进化进程，加速原始物种消失；以石油、天然气等为原料的农膜、抗生素、生长素等农业用品难降解（杜龙政、汪延明，2010），导致土壤肥力下降、重金属含量超标；水产品物流保鲜技术不足引发大肠菌群检验超标等危机，严重危害消费者人身安全。其次，随着食品精深加工科技推广，人工甜味剂、面粉增白剂、膨松剂等食品添加剂持续摄入，对消费者人体机能产生渐进性伤害。最后，食品流通冷链物流技术突飞猛进，而气调储藏技术指标难以确定、无水保活技术标准难以统一，真空预冷技术运行环境有限等问题，导致“放心”使用“高端技术”，更易产生“问题食品”，此外，田间预冷技术成本高昂、低温加工技术普及困难及常温卸货现象频现等问题导致冷链断链问题严重（袁学国等，2015），引发食品品质降低，食品伤害防控难度日益提升。

2.4.4 食品安全区域差异性大，全方位治理艰巨

新中国成立70年我国经济社会高速发展，农业生产力极大提高，然而我国食品产业区域发展不平衡，东部地区食品产业化龙头企业蓬勃发展，农业基础设施完善，耕地集约化水平较高，中西部地区食品生产经营主体小、多、散现象严重，农业生产稳定性弱，耕地细碎，劳动力

大量流失（王文龙，2019），东西地区差异显著。一是区域资源差异性显著。我国东部沿海农作物种植优势明显，产品类型更加丰富（Lam等，2013），有机农业、生态农业等迅猛发展；西北地区有机畜牧业发展势头良好。但我国部分地区过度开采地下水，农药化肥的过量投入引发耕地土壤肥力下降、食品源头污染问题导致食品安全风险增加。二是区域经济差异性显著。改革开放以来我国东部地区农民收入初始值远高于中西部地区，居民饮食结构由主食型向副食型转变较快，食品安全风险协同治理基础资源建设能力强，信息传递更为便捷（马铁群，2018）。三是区域政策差异性显著，20世纪90年代“农改超计划”、2008年“学校食品卫生安全专项整治行动”、2019年“联合整治保健市场乱象百日行动”等前沿食品安全管理机制多起源于北京、广州、上海等东部发达地区，东中西部区域食品安全风险协同治理政策不均衡，为全方位监管迎来挑战。

2.4.5 食品安全利益相关者众，市场体系愈繁复

新中国成立70周年我国从计划经济向市场经济转变，随着食品产业转型升级，食品市场基数大，食品安全利益相关者众多，食品市场供给和监管更复杂。家庭农场、农民专业合作社等新型食品原料供应主体方兴未艾，农产品超市、生鲜电商平台及跨境电商平台等食品流通主体相继涌现，自营物流和第三方物流等食品配送主体不断发展，食品安全相关利益主体在交易方式、经营理念和制度规范等方面存在差异，部分食品供给主体在短期经济利益驱动下违法使用添加剂、生产销售假冒伪劣食品。食品安全风险协同治理经历从各部门分散监管到政府、媒体、企业、第三方机构和消费者多元主体食品安全风险协同治理的变迁，当前我国仍然存在监管部门业务衔接不畅，检测体系有待优化等问题，导致信息孤岛、信息过滤、消极合作等问题难以避免（Wu等，2018）。从新中国成立初期新闻媒体发展到互联网时代微信、梨视频等社交媒体，食品安全媒体监督成为食品安全信息披露重要来源之一，但媒体权

威性不足、专业性不强等原因诱发食品安全谣言传播和信任危机。食品安全检测检验机构、第三方行业协会等主体不断涌现，但人员专业素质和业务水平有待提升。食品安全相关利益主体关联性强，食品市场愈加繁复。

2.5 我国食品安全风险协同治理愿景

新中国成立70周年我国食品产业发展迅速，人民消费水平日益提高，而食品安全风险仍面临供应链、隐匿性、科技性、区域性及利益相关者等问题，面对食品安全领域新变化及新挑战，亟须落实食品安全风险协同治理愿景，聚焦整合部门新链条，开拓“互联网+”新渠道，推广人工智能新技术，倡导健康中国新理念，践行食品安全风险协同治理新体制，走出具有中国特色的食品安全现代化发展之路。

2.5.1 整合食品安全部门联动新链条

我国食品安全风险协同治理首先要理顺监管主体职责职能，实施食品安全风险协同治理部门联动，形成监管合力。2019年政府工作报告指出推进“跨部门联合监管”，国务院发布《关于深化改革加强食品安全工作的意见》强调各级部门“加强全链条、全流程监管”。一要整合各部门食品安全风险协同治理资源。立足食品安全风险关键控制点建立权责明晰的食品安全风险协同治理体系，推进食品安全风险协同治理资源向基层倾斜、提升监管效率，实现食品安全集中监管与日常监督无缝对接。二要加强各部门食品安全信息交流。依托大数据和区块链技术构建食品安全信息交流平台，实现各级食品安全风险协同治理部门实时共享风险识别和风险预警信息，为实施有效的风险防控措施提供信息支撑。三是健全食品安全信息披露机制。营造社会诚信建设，推进食品企业信用档案建设，完善食品企业失信公示制度和违法问责制度，加强食品安全舆情管理，完善政府、食品企业、第三方机构媒体和消费者等多主体、多部分监管新链条。

2.5.2　开拓食品安全“互联网+”新渠道

在运用新技术新模式改造传统产业的政策背景下，2019年国务院发布《关于深化改革加强食品安全工作的意见》进一步强调“推进‘互联网+食品’监管”。首先是拓展食品安全网络治理渠道。推进食品安全数字化、智能化监管模式创新，推广食品企业资质认证网络系统，健全食品安全消费者维权网络渠道。其次是建设食品安全网络追溯体系。推行食品安全二维码标签等加强信息网络识别，推广食品安全人工智能小镇等完善信息化监管体系，研发“食安检”APP等拓展食品安全智慧管理系统，构建“食品安全云”等保障大数据全链条追溯，强化食品伤害危机数据分析与责任追踪，健全食品召回机制。最后是健全食品安全网络谣言治理机制。完善监管部门政务公开信息平台，遏制谣言传播空间，构建食品安全网络谣言动态监测体系，研发数字化谣言案例库，推广智能辟谣推送系统，调动政府、食品企业、第三方机构、媒体和消费者共同加强食品安全网络谣言事前防控和事后修复。

2.5.3　推广食品安全人工智能新技术

人工智能作为推进食品安全风险协同治理新引擎，是促进食品安全新技术的核心驱动力。既要聚焦食品安全基础性、创新性技术研究，针对食品生产技术制定操作度量标准、加工技术制定危害防控因素、流通技术制定动态考核规范、消费技术制定反馈修复机制，构建切实有效的食品安全技术评价体系；又要研发推广食品安全新型高端技术，种植养殖环节研发智能测土配方施肥、精准育苗施药技术，储存加工环节研发智能图像识别、温度监控技术，流通消费环节研发智能无人配送、信息追溯技术，加强技术链与供给链深度融合。同时，搭建食品安全人工智能技术交流平台，保障科研单位与涉农企业有效对接，提升创新成果转化率；优化人才培养和激励机制，激发食品安全科研人员创新活力；以人工智能技术突破绿色农业、生态农业推广普及，引领智慧农业、数字农业综合效应提升，提高我国食品安全整体水平。

2.5.4 倡导食品安全健康中国新理念

《国民营养计划（2017—2030 年）》强调“制定以食品安全为基础的营养健康标准”，健康中国战略有效实施以食品营养安全为重要前提。新中国成立 70 年我国食品安全从数量安全、卫生安全、质量安全演进为营养安全，满足“共建共享、全民健康”美好需求，构建健全的营养标准和丰富的营养体系。一是优化食品营养安全新供给。结合我国区域经济基础及市场需求特征，落实食品产业绿色发展理念，构建高科技、低污染、少能耗的农业产业结构，丰富食品种类结构及营养价值，保障健康食品优质供给。二是科普食品营养安全新知识。结合我国地域资源禀赋与传统饮食习惯差异，因地制宜编撰食品营养安全与健康膳食手册；建立食品营养安全科普基地，促进健康中国、膳食平衡等科普信息立体化展示；依托微信、微博等社交媒体，开展食品营养安全周、知识竞赛等整合营销传播活动。三是开拓食品营养安全新格局。立足我国区域发展不平衡不充分实际，优化京津冀、长三角和粤港澳大湾区等区域化食品安全战略布局，加强西部健康营养食品优质供给，实施东部健康食品品牌战略。同时，完善贫困地区配餐制度，开展学校健康食堂建设，加强食品安全风险筛查与食品营养安全科学传播。

2.5.5 践行食品安全风险协同治理新体制

我国食品安全战略明确提出推进食品安全风险协同治理，强调“生产经营者自觉履行主体责任，政府部门依法加强监管，公众积极参与社会监督”的落实思路。一方面，大力培育食品安全风险协同治理多元主体，完善政府监管、企业自律、媒体监督、第三方机构约束和公众参与风险协同治理体系，创新风险管理、科学考评、权责相匹、典型示范等多元主体共治机制。另一方面，借助多元主体信息优势完善多渠道信息交流反馈机制，聚焦重点品类、重点区域、重点场所，依托云计算、物联网等高尖端技术，开展覆盖面广、可行性强的技术监管模式。此外，营造“人人有责、人人参与”食品安全风险协同治理氛围，坚持消费者食品安全治理主体地位，推广健康“三减”烹饪模式，加强“三健”科普教育宣传，普及吃动平衡生活方式，针对婴幼儿、学生、老人、孕妇等特殊人群开展健康生活专项行动，引导公众形成自觉自律的健康行为。

2.6 本章小结

随着经济发展及居民生活水平提升，食品安全备受政府和社会的高度关注。基于“环境变迁—要素涌现—实践特征—演进趋势”系统逻辑，将新中国成立 70 周年食品安全演进划分为萌芽阶段、发展阶段、关键阶段和共享阶段四阶段，立足“物理—事理—人理”系统方法论剖析我国食品安全市场供给与科技支撑，监管制度与风险归因，多方主体与健康素养，揭示我国食品安全实践特征及关键问题。最后面对食品安全领域新变化及新挑战，提出我国食品安全风险协同治理的发展愿景。

3 农村食品安全风险协同治理国际经验

3.1 研究背景

食品安全风险协同治理对推进我国食品安全战略、健康中国行动计划实施，保障食品产业可持续发展攸关重要。2019 年 4 月，在日内瓦召开的国际食品安全与贸易论坛，旨在提高食品安全风险协同治理共识，通过强调政府及相关政策干预食品风险治理的重要性，完善、优化食品安全风险协同治理体系（World Health Organization，2020）。2020 年 1 月，中共中央国务院《关于抓好“三农”领域重点工作确保如期实现全面小康的意见》[①] 强调，强化全过程农产品质量安全和食品安全风险协同治理，建立健全追溯体系，确保人民群众“舌尖上的安全”。2020 年 4 月，联合国粮食及农业组织（FAO）和世界卫生组织（WHO）联合发布《针对食品安全风险协同治理部门防控新型冠状病毒肺炎（COVID-19）与食品安全的临时指南》[②]，该指南依据防控新冠肺炎疫情的现实背景，在制定多机构合作与应急预案、维持国家食品安全检查计划有效性、提升食品检验室等机构检测能力、应对食品供应链风险、加强食品监管人员培训和信息交流等方面提供指导意见。根据《国家市场监督管理总局职能配置、内设机构和人员编制规定》第十条[③]，食品安全风险协同治理是指国家职能部门对食品生产、流通、消费全过程的监督检查及隐患排查，防范区域性、系统性食品安全风险，

① 中华人民共和国中央人民政府官网，http：//www.gov.cn.

② 联合国粮食及农业组织官网，http：//www.fao.org.

③ 国家市场监督管理总局官网，http：//www.samr.gov.cn.

组织开展食品安全监督抽检、风险监测、核查处置和风险预警、风险交流工作。

随着全球食品产业化进程加快和食品需求结构升级，由于生态环境源头污染、食品跨境供应链环节增多、食品精深加工技术推广等导致食品安全风险复杂性、隐匿性和危害性加剧，食品安全风险协同治理难度日渐增大。根据北美和欧洲风险治理经验对比，国家层面必须建立保证国内或世界各地来源的食品质量风险治理机制，承担高质量需求与高监管效率的压力，以便在国际贸易环境中保持竞争力（Hooker、Caswell，1995）。食品供应链由区域扩展至国际，为确保食品供应链源头产出高质量的安全食品，使用各类食品安全认证和质量管理体系以及其他国际流行标准必不可少，以建立政府监管机构、食品制造商和消费者之间的相互信任（Korada 等，2018）。当今世界经济全球化导致食品贸易的增长速度加快，贸易规模不断扩大，迫使欧盟、德国等发达国家和地区不断改善食品安全数字化风险治理，强化食品数据管理（WHO，2020）。探索科学有效的食品安全风险协同治理体制，切实提高食品安全风险协同治理效率，对于保障消费者健康和人身安全，维持食品市场竞争秩序，促进食品国际贸易可持续发展，提升综合国力和实现社会和谐攸关重要。美国联邦主义体制与独立管制机构模式重叠，食品风险治理缺乏政府间协调、资金与信息的微观管理，阻碍食品安全集权与分权协同监管（蒋绚，2015）。食品安全风险协同治理机构需建立食品安全质量保障体系，挖掘数据存储、通信云、人工智能等技术潜力，监控、记录和控制食品产业链关键参数，全面进行食品安全风险分析和预防，为食品生产经营者、消费者等食品安全利益主体提供有效的食品安全管理系统（Nychas 等，2016）。粮农组织和世界卫生组织建立的全球个人食品消费数据工具（Global Individual Food Consumption Data Tool，GIFT）为食品监管部门和政策制定者提供数据支持，帮助其实现基于科学的食品安全风险协同治理决策及相关政策制定，以改善食品营养和增强食品安全，实现全球食品安全协同发展（Leclercq 等，2019）。历经漫长的改革，发达国家已形成较为科学的、完善的食品安全风险协同治理体制和模式，例如，欧盟食品安全风险协同治理以基于风险的多层治理体系为特色（刘亚平、李欣颐，2015）；美国食品安全信息披露机制建设已居于世界领先地位（刘家松，2015）；日本食品交流工程已获得国际认可（张文胜等，2017）；法国食品风险分级框架实用性显著（Eygue 等，2020）；发达国家政府主导型食品 FOP 标签系统打破传统食品标签局限（黄泽颖，2020）等。

国内外学者主要从风险治理体制、风险治理集权、风险治理方式等角度比较研究发达国家食品安全管理发展现状，而且大多数研究成果关注某个国家和地区的食品安全风险协同治理的体系构建、运行机制等问题，缺乏对欧盟、美国等发达国家和地区食品安全风险协同治理制度与模式进行综合比较。基于此，系统、深入地分析发达国家食品安全风险协同治理的发展现状与存在问题，比较发达国家各具特色的食品安全风险协同治理模式，对保障我国食品安全战略实施、推进健康中国行动计划等有着重要的理论参考与实践启示。

3.2 国外食品安全风险协同治理现状与成效

食品使人类维持生命并享受生活，同时传播危险、造成疾病甚至死亡，由食品安全引起的健康问题很可能是当今世界最普遍的传染性健康问题，是导致经济和生产力下降的重要原因（World Health Organization，1999）。保障食品安全，须采取确保食品质量安全和改善食品营养的食品安全风险协同治理政策及干预措施，维护全球可持续发展（World Health Organization，2013）。国际上，发达国家食品安全风险协同治理经过较为系统地改革与发展，取得举世瞩目的成就。

3.2.1 国外食品安全风险协同治理发展现状

近年来，全球食品安全整体平稳向好，但食品安全风险隐患仍不容忽视，诸如美国木耳蘑菇沙门氏菌污染、日本雪印液态婴儿奶金属罐外包装碎片混入、中国汉堡王食品保质期造假，以及英国鸡肉、阿根廷冷冻牛肉、南美白虾外包装新冠病毒污染等食品安全事件频发，以引起各种政府高度关注。发达国家食品安全保障体系逐渐严格，以应对日益严重的实际和公认的食品安全问题（Henson、Caswell，1999）。2019 年 12 月 9 日英国《经济学人》智库发布《2019 年全球食品安全指数报告》，在该年全球国家食品安全排行榜完整名单中，欧盟、美国、日本等发达国家和地区占据排名前 25%。以欧美日为代表的发达国家食品安全水平位于世界前列，其食品安全风险协同治理能力与之相匹配，并且各个发达国家根据国情实施因地制宜的食品安全风险协同治理方式。在食品安全信息交流方面，日本政府在食品行业实施“食品交流工程”（Food Communication Project，以下简称“FCP”），旨在强化食品行业相关主体之间的信息交流，积极推进食品安全利益相关方之间的沟通与交流，增进了食品安全利益相关方的相互信任，FCP 明确政府角色定位、重视源头风险治理、强调企业主导、立足消费者优先以及引导非食品企业参与治理的做法（张文胜等，2017）。在食品安全风险控制方面，德国以风险为导向的现代食品安全风险协同治理体制，通过建立统一管理食品的联邦部门，成立独立的风险评估和风险管理机构，引入多方力量参与风险治理，依据风险环境的变化来进一步调整和完善自身风险治理体制（刘亚平、杨美芬，2014）。在食品安全质量管理方面，美国实施严格的食品安全质量管理标准，强制要求企业的生产必须按国家标准、行业标准及企业操作规范等生产安全标准进行，必须通过质量认证体系和食品安全检测体系的认证与评估，对存在危害的食品实施食品召回制度（孙德超、孔翔玉，2014）。

3.2.2 国外食品安全风险协同治理主要成效

西方发达国家的食品安全风险协同治理历史悠久，对潜在或已发生的食品安全问题快速出台相应的法律文件或政策，取得显著成效。20

世纪初美国曾发生严重的食品安全问题，如震惊美国的毒香肠事件，此事引起罗斯福总统的公开抨击，由此成立联邦食品和药物监督管理局（FDA），颁布《联邦食品与药品法》，实施更加严格的食品药品监督管理制度。美国2011年颁布实施《食品安全现代化法》（FSMA）是权威统一的FDA体系重要法案，该法案明确食品安全治理从“事后危机处理”转变成“事前风险预防”的核心理念，建立了以预防为主、全程控制的现代风险治理构架。日本FCP自2008年6月实施以来，加入FCP的成员数量呈增长趋势，其中以食品企业居多，食品行业内的大型知名企业2011年均已加入FCP，中小型企业自愿加入，同时参与其中的消费者团体、相关服务机构的数量也逐年增加，日本FCP已得到日本社会各界的认同和国际上的认可，将在日本更广泛地普及（张文胜等，2017）。

3.3 国外食品安全风险协同治理制度借鉴

发达国家和地区在食品安全风险协同治理实践中探索出若干成功的机制和模式，涵盖预警通报、分级召回、部门联动、信息标注和等级评估等方面。国内食品安全风险协同治理研究起步较晚，为提升我国食品安全风险协同治理水平和监管效率，亟须借鉴国外食品安全风险协同治理制度实践（表3-1）。

表3-1 国外食品安全风险协同治理制度比较

国家或地区	制度	典型代表	实践经验
欧盟	预警通报制度	食品和饲料快速预警系统（RASFF）	定期发布通报，按照不同程度的风险进行分类通报
美国	分级召回制度	FSIS官网“食品召回事件存档”专栏（Recall Case Archive）	全程跟踪监控食品召回，实行风险分级管理
加拿大	部门联动制度	联邦、省和市三级行政管理体制	明确各自监管职责，相互协调、联动监管

（续）

国家或地区	制度	典型代表	实践经验
日本	信息标注制度	《日本农林规格法》	法规条例明确规定各类食品标注标准
新西兰	等级评估制度	健康之星评级系统（HSR）	依据食品健康状况在食品包装上标注不同星级

数据来源：根据欧盟 RASFF 官网、美国 FSIS 官网、加拿大 PHAC 官网、日本消费者厅官网、新西兰食品安全局官网等信息资料整理而成。

3.3.1　欧盟食品安全预警通报制度

欧盟食品安全风险协同治理高度关注成员国食品安全风险交流，针对有关食品和饲料安全已存在的或潜在的风险，运用特定的工具进行相互间的必要交流，确保及时进行风险管理决策。欧洲食品安全风险协同治理工具主要是欧洲食品和饲料快速预警系统（Rapid Alert System for Food and Feed，简称 RASFF），所有成员都必须通过该系统报告食品和饲料安全的违规情况（Petroczi 等，2010）。欧盟食品和饲料快速预警系统（RASFF）是欧盟委员会依据 2002 年 1 月颁布的 EC（No）178/2002 号法规（General Principles and Requirements of Food Law）建立的食品安全快速反应机制，连接欧盟委员会、欧盟食品安全管理局以及各成员食品与饲料安全主管机构的重要网络。当 RASFF 系统成员获知食品中存在严重健康风险信息时，必须立即通过 RASFF 向欧盟委员会通报，欧盟委员会经过分析判断后，将通报传递至系统内的所有成员，若通报的产品已经出口至非 RASFF 成员（第三国或地区），或通报产品为第三国或地区生产，欧盟委员会必须向该国通报，以使其采取适当的措施（元延芳、陈慧，2019）。

RASFF 定期发布通报，将通报分类为预警通报（Market Notifications）、禁止入境通报（Border Rejections）和信息通报（News Notifications），在不同程度上表示投放市场的食品所带来的健康风险程度（Petroczi 等，2010）。预警通报表明存在严重风险，需迅速采取行动，如从市场上召回，目的是向所有 RASFF 成员提供信息，以确认问题食品是否在成员的市场上，以便及时采取必要措施，禁止问题食品入境并发行通报对食品生产国家或企业形成警示作用。信息通报表明存在较低风险或未投放市场，危害程度较低，不需要迅速采取行动。2015—2019 年，RASFF 对华食品通报中，禁止入境通报是主要的通报类型，占 5 年整体通报的 58.89%，预警通报占比 21.36%，其次是信息通报占比为 19.75%（表 3-2）。

表 3-2　2015—2019 年 RASFF 对华食品安全预警通报

年份	禁止入境通报（例）	预警通报（例）	信息通报（例）	合计（例）
2015	188	45	38	271
2016	95	36	15	146
2017	158	36	29	223
2018	169	94	69	332
2019	198	82	120	400
合计（例）	808	293	271	1 372
占比（%）	58.89	21.36	19.75	—

数据来源：RASFF 数据库，https://webgate.ec.europa.eu/rasff-window/portal/?event=SearchForm&cleanSearch=1.

3.3.2　美国食品安全分级召回制度

食品召回是指食品企业按照规定程序，对其生产销售的某批次或类别的缺陷食品，通过换货、退货、补充或修正成分说明等方式，及时消除或减少食品安全危害的活动（张蓓，2015）。食品召回在确保食品安全方面发挥着重要作用，其目的是在确定食品存在污染、掺假及标签错误等情况下，将问题食品从商业市场上撤出，以保护公众避免问题食品可能引发疾病、死亡等健康危害（Mendoza 等，2017）。食品召回制度源于美国，美国通过对食品实行全程跟踪监控，一旦发现食品存在质量安全问题或潜在隐患，便立即启动食品召回机制，竭力将食品质量安全危害降到最低程度。同时，美国对食品质量安全风险进行分级管理，根据缺陷食品可能引致伤害的程度，将食品召回划分为一级召回、二级召回和三级召回（张蓓，2015）。一级召回的食品存在最严重的危害，如受异物污染、违规添加违禁物等问题食品，消费者食用后会引发严重的不良后果或死亡。二级召回的食品，如贴错标签、未申报过敏原等问题食品，存在较轻的危害，消费者食用后极有可能对其健康造成不利影响。三级召回的食品，如标签未声明特殊安全成分、品牌标识错误等问题食品，不存在危害，消费者食用后不会对健康造成不利影响。此外、美国食品安全检验局（FSIS）官方网站“食品召回和公共健康警报”（Recalls and Public Health Alerts）板块设有“食品召回事件存档”（Recall Case Archive）专栏，该栏目通过及时更新美国食品召回公告及食品召回新闻，有效披露食品召回事件详细信息，保障信息公开、透明。经统计，2015—2019年间美国食品安全召回主要以一级召回为主，占全部召回样本量的73.90%（表3-3）。

表3-3 2015—2019年美国食品安全分级召回案例统计

年份	一级召回（例）	二级召回（例）	三级召回（例）	合计（例）
2015	101	43	19	163
2016	96	25	5	126
2017	84	22	9	115
2018	100	14	3	117
2019	89	26	0	115
合计（例）	470	130	36	636
占比（%）	73.90	20.44	5.66	—

数据来源：根据美国FSIS官网（https://www.fsis.usda.gov/）数据整理所得。

3.3.3 加拿大食品安全部门联动制度

加拿大食品安全和食源性疾病暴发责任由联邦、省政府、地区政府、行业和消费者共同承担（Keener等，2014），食品安全风险协同治理体系实行联邦、省和市三级行政管理体制（张伟等，2014）。采取分级管理、相互合作、广泛参与的食品安全联动监管模式，强化进出口食品、预包装食品及营养质量相关标准制定，优化食品安全风险协同治理方式。在监管机构设置方面，联邦、各省和市政当局通过明确各自食品安全风险协同治理职责，促进食品安全风险协同治理机构相互协调、联动监管。

在联邦一级，由加拿大卫生部（Health Canada，HC）、加拿大食品监督署（Canada Food Inspection Agency，CFIA）和公共卫生署（Public Health Agency of Canada，PHAC）共同承担食品安全风险协同治理责任（Keener 等，2014）。其中，加拿大卫生部（HC）负责制定食品安全相关政策和标准，加拿大食品检验署（CFIA）负责组织实施，最后由加拿大卫生部（HC）评估加拿大食品检验署（CFIA）食品安全活动成效。与此同时，加拿大公共卫生署（PHAC）协调省及地方公共卫生监管人员共同开展公共卫生监测工作，并在其官网发布食品安全新闻公告及食品安全事件公共卫生通告[①]，当食品安全事件涉及多个省或地区时，及时调查食源性疾病暴发原因，并采取相应措施进行应对。省级政府食品安全监督管理机构主要负责辖区内食品质量安全检测，涵盖食品生产、加工及销售企业的质量安全检验。市级政府则负责向当地食品餐饮企业及单位提供公共卫生标准，落实监督管理制度，提升食品安全风险预防能力，共同完善优化食品安全部门联动制度（表 3-4）。

表 3-4　加拿大食品安全风险协同治理联邦、省和市三级行政管理体制

分级	主管部门	职　能
联邦	加拿大卫生部（HC）	负责制定食品安全相关政策和标准
	加拿大食品监督署（CFIA）	负责执行加拿大卫生部（HC）制定的有关在加销售食品的相关政策
	公共卫生署（PHAC）	从事公共卫生检测工作，发布食品安全事件卫生通告

① 加拿大公共卫生署（PHAC），https：//www.canada.ca/en/public-health/services/food-safety.html.

（续）

分级	主管部门	职　能
省	省级管理机构	负责辖区内食品质量安全检测
市	市级政府当局	负责制定当地餐饮公共卫生标准，落实监督管理制度

数据来源：根据加拿大公共卫生署官网（https：//www.canada.ca/）数据整理所得。

3.3.4　日本食品安全信息标注制度

在2007年期间，日本食品标签错误问题频发，多数涉事公司被查出对食品来源、成分及有效期张贴虚假标签（Hall，2010），由此，日本在食品流通和销售环节实行严格的食品安全标注制度。日本2009年颁布《标准化和正确标签法》，通过成立消费者厅同时下设食品标签科，强化食品标签监管能力。2011年，食品标签科参与制定并实施《食品标签法案》，聚焦加工食品标签，开展标准化管理。随着法律法规推进与落实，目前，日本已经形成完善的食品安全信息标注制度，对各类食品标签标注规范做出明确规定。例如，《日本农林规格法》规定生鲜食品销售者必须标明食品名称、原产地和含量等内容；加工食品必须标明产品名称、含量、保质期、保存方法、原料类别、生产厂家及生产地址等信息，其中干鱼类加工品和蔬菜冷冻食品等8类加工食品必须标注原料原产地。

日本通过立法，实施从生产到消费环节严格的食品安全标注制度，保障食品信息可追溯性。同时，日本建立权威高效的食品信息管理系统，要求食品生产企业必须根据每一种食品对应条形码及时上传食品信息。在产品销售前端，农协需要对农户销售的农产品建立电子档案，将电子号码与农产品条形码相对应确保信息可追溯。此外，日本非常注重培育消费者食品标签信息认知能力，通过推行消费者食品标签安全教育拓展食品安全信息交流渠道，例如日本消费者厅在官网[①]“政策”板块

① 日本消费者厅官网，https：//www.caa.go.jp/.

中设置食品标签计划栏目，其主要功能涵盖培训消费者识别食品标识、征集《食品标签法》实施意见、宣传食品标签系统使用方法等，有效提升食品安全标签信息交流效率。

3.3.5 新西兰食品安全等级评估制度

世界卫生组织大力推行食品包装正面贴有“解释性营养标签”（FOPL），这是倡导健康饮食的有效方式，这类标签通过使用营养指标评估食品营养质量，并以简单、直观的形式向消费者展示，可有效增加消费者食品营养知识、引导消费者选择健康食品，同时激励食品行业改善产品营养质量（Jones 等，2019）。新西兰政府及食品生产经营者对非常重视食品安全情况。2014 年 6 月，新西兰政府、食品加工业、零售业、公共卫生组织、消费者团体代表等组织共同合作，推出以“健康之星评级系统”（HSR）为代表的食品安全等级评估制度。该系统生成的解释性营养标签不但为消费者提供方便、易理解的营养信息，还帮助其做出更健康、理性的饮食选择，同时，引导新西兰食品行业自觉形成健康有序的食品安全氛围，保障食品市场和谐稳定。

新西兰健康之星评级系统旨在引导消费者在购买同类食品时参考包装袋标示的星级，其解释性评级从 0.5（最不健康）～5 星（最健康）递增，消费者通过星级标签信息，能快速、简单地识别和比较食品总体营养状况，做出明智、健康的食品购买选择（黄泽颖，2020）。新西兰健康之星评级系统由该系统咨询委员会负责评分，新西兰食品安全检测部门负责监督，根据食品营养检测结果评定星级，消费者可根据食品包装上标注的星级在同类食品中进行购买选择。健康星级评分系统与普通食品营养信息列表相比，公众更容易感知、理解、运用食品营养信息，Mhurchu 等（2017）研究表明，经常使用评分系统的消费者所购买的食品更加健康。与此同时，新西兰通过建立食品安全等级评估制度，使处于低评级或不参与评级的食品或食品企业无法获得消费者信任，难以形成市场竞争力。

3.4　国外食品安全风险协同治理经验启示

发达国家和地区在开展食品安全风险协同治理、预防与治理食品安全风险过程中积累了丰富的实践经验，形成集中监管与分散监管相结合、法律体系与机构职能相结合、事前预警与事后修复相结合、政府主导与多方参与相结合、公开监管与自我约束相结合等成熟的风险协同治理策略（图3-1），对于我国创新食品安全风险协同治理策略具有重要的启示。

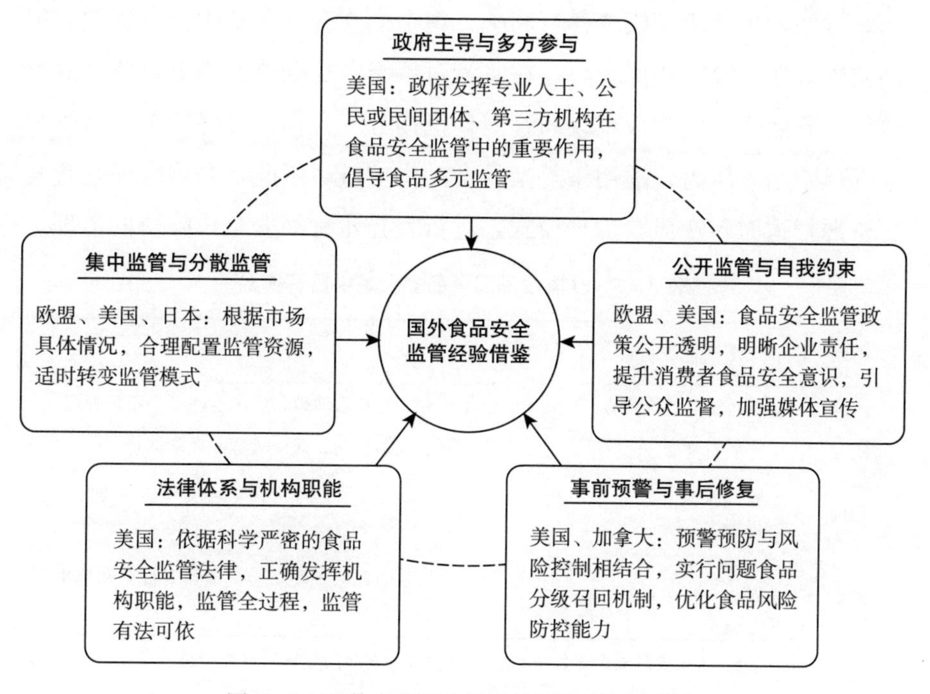

图3-1　国外食品安全风险协同治理经验借鉴

3.4.1　集中监管与分散监管相结合

发达国家食品安全风险协同治理主要采用集中监管和分散监管两种模式。食品安全集中监管模式指通过设立上级机构统一管理食品安全，建立职责明确、层次清晰、权责统一的食品安全风险协同治理体制，提升食品安全风险协同治理效率（尹权，2015）。集中监管模式主要以欧盟为代表，其成员通过简化食品管理机构，以避免职责交叉重复和管理真空，同时便于成员之间进行食品安全交流和开展科研合作（表3-5）。食品安全分散监管模式是指食品安全风险协同治理职能分散于不同部门，通过明确各部门职责分工、强化部门间合作交流提升食品安全风险协同治理效率（尹权，2015）。分散模式主要以美国、日本为代表，美国主要按食品类别划分监管职责（表3-6），日本设置厚生劳动省和农林水产省分管食品安全风险协同治理职责（表3-7）。

这两种风险治理模式各有利弊，集中模式有利于集中监管资源、提高监管效率、减少职能重叠，在监管对象繁多复杂的情境下，监管效率较低；分散模式监管成本较高，但各机构分工合作，可降低单一监管带来的风险治理压力，适用于复杂的食品供应链。因此，必须合理配置监管资源，适时转变风险治理模式，进行差异化食品安全风险协同治理。

表3-5 欧盟成员国食品安全集中监管模式

国家	监管部门	职 责
法国	食品安全评价中心	制定食品安全综合政策，实施食品安全监督管理
爱尔兰	食品安全局	承担食品风险评估、风险管理和风险信息交流
德国	联邦粮食、农业和消费者保护部	保障食品质量安全，推进保护环境和动物的农业生产方式
丹麦	食品、农业和渔业部	下设兽医和食品管理委员会、渔业委员会和植物委员会进行分类监管

资料来源：根据法国食品安全评价中心、爱尔兰食品安全局等官网整理所得。

表3-6 美国食品安全分散监管模式

机 构	职 责
环境保护署 EPA	对饮用水和杀虫剂的监管
海关与边境保护局 CBP	确保所有货物在进入美国时都符合美国法规条例
动植物健康检验局 APHIS	保护和促进美国农业健康发展，执行动物福利法案

（续）

机 构	职 责
食品安全检验局 FSIS	肉类、家禽类产品和蛋类加工产品的监管
食品药品管理局 FDA	负责除肉禽蛋类外所有食品安全和进口食品安全
财政部 USDT 酒精、烟草税务和贸易局	监督、执行和发放酒精饮料的生产、标签和经销的许可
联邦贸易委员会 FTC	对包括食品在内的众多产品的虚假广告进行监管
农业市场局 FSA	负责果蔬、肉蛋等食品质量分级标准

资料来源：根据美国农业局（Farm Bureau）官网（https：//www. fb. org/）数据整理所得。

表 3－7 日本食品安全分散监管模式

机 构	职 责
厚生劳动省	负责法规和标准的制定、食品标签的管理、进口食品检验、新食品及食品添加剂生产使用前的审批、食品规格和卫生质量的监督、食品生产经营条件和过程的现场监督
农林水产省	负责农产品安全和监管

资料来源：2003 年日本《食品安全基本法》。

3. 4. 2 法律体系与机构职能相结合

国外食品安全风险协同治理以完善的法律法规为基础，以明晰的机构职能为保障。保障食品供应链从生产到消费安全，需基于科学的、预防风险的法律法规管理食品危害（Drew、Clydesdale，2015）。同时，由于公众食品安全鉴别能力较弱，监管机构必须遏制食品安全危机（Hammonds，2004）。因此，亟须形成科学严密、覆盖风险治理全程的食品安全风险协同治理法，正确发挥监管机构职能，形成强大的食品安全风险协同治理公信力。

在食品安全风险协同治理法律体系方面，法律需与时俱进，日渐完备，从多方面构建风险治理法律法规。例如，2002 年美国国会通过《生物反恐法案》，将食品安全地位上升到国家安全战略地位，同时，美国以《联邦食品、药品和化妆品法》《食品安全现代化法》等综合性法律为核心开展立法，构建基本原则及框架，配套制定《禽类产品检验法》《联邦肉类检验法》《蛋产品检验法》《联邦食品质量保护法》《生物反恐法案》《公共健康服务法》等多项法律，加强食品、药品监管法律体系风险治理力度和风险治理范围，从农田至餐桌全过程保障食品安全。2011 年颁布《食品安全现代化法》（FSMA），由该法构建的美国食品安全现代风险治理体系，至今仍发挥着巨大效用，维护美国社会食品安全治理稳定局面。2016 年，美国 FDA 颁布《食品防卫最终规则》（Final Rule），该规则基于《食品安全现代化法》（FSMA）设立，其内容主要包括食品营养成分标签、食品供应链缓解措施、食品配料安全标准、食品运输卫生安全等细则。

在食品安全风险协同治理机制职能方面，监管机构需清晰界定职能，做到全面监控。例如，美国整个食品安全风险协同治理体系分为联邦、州和地区三个层次，联邦层面上各部门的职能界定清晰，州和地方层面的配套监管，严格监督，治理有效，保障美国食品安全风险协同治理统一完善。在联邦层面上，通过设立农业部食品安全检验署（FSIS）、美国食品和药物监督管理局（FDA）、环境保护署（EPA）以及农业市场局（AMS）等机构提升食品安全风险协同治理效率，由各机构按食品类别分管，明确监管职责（表 3－6）。在州和地方层面，州、地方、部落（Tribe）、领地（Territory）均拥有地方法律和机构，总计 3 000 多个非联邦机构，调查和控制食源性疾病暴发，监控食品供应污染，检查饭店、杂货店及食品加工厂，移除市场上的不安全和不卫生食品（表 3－8）（Taylor、David，2009）。

表 3－8　美国食品安全风险协同治理机构及其监管职责

监管职责	具体风险治理行动	
	州	地方
监控食源性疾病	参与食源性疾病监测网络等监控行动	食源性疾病监控责任，处理食品安全消费者投诉

（续）

监管职责	具体风险治理行动	
	州	地方
疫情应对和召回	大规模疫情调查，监督企业食品召回	积极参与州及联邦跨区域的疫情反应，实施食品召回，与公众和食品行业进行沟通
零售食品服务检查	制定零售食品安全标准并监督实施	零售食品服务，制定零售食品安全标准，发放食品经营者许可证，确保遵守卫生及其他安全标准
技术和培训援助	向监管人员提供技术和培训援助	向基层监管人员和杂货店、餐馆等食品从业者提供技术和培训援助
食品安全教育	业界、医学界和消费者食品安全教育	向消费者和零售商提供食品安全信息，实施食品安全教育项目

数据来源：Taylor M R，David S D. Stronger partnerships for safer food：an agenda for strengthening state and local roles in the nation's food safety system [R]. 2009：14-19.

3.4.3　事前预警与事后修复相结合

国外食品安全风险管理体系包括事前风险预警、事后风险修复和全程风险沟通（Henson、Caswell，1999）。其中，事前风险预警包含危害识别、危害描述、暴露评估、危险性描述四个阶段。事后风险修复依据风险评估结果，选择、实施适当的风险治理措施并制定相关政策。全程风险沟通是指食品安全风险协同治理部门根据相关信息及时与各方交流。风险沟通贯穿于美国食品安全风险协同治理的全过程，一方面将有效的信息公布于众，避免消费者基本权益受到损害；另一方面监管部门的分析程序向社会公开，广泛收集公众意见，更好地发挥群策群力的作用（孙德超、孔翔玉，2014）。美国食品安全风险管理通过严格的事前预警和事后修复工作，建立起以预防为主、注重修复、全程控制的现代风险治理构架。

在事前预警方面，预警危机是规避食品安全风险的重要手段。例如，美国和加拿大均实行问题食品召回机制，优化食品风险防控能力。

在预防上，美国加大惩罚性赔偿力度，对于明知故犯的企业主管和个人，将被判处最高十年监禁和巨额罚款。在风险管理上，FDA 风险治理重点主要是从农场到餐桌的全程风险控制，以及保持进口食品与国内生产食品相同标准以防范外来风险。

在事后修复方面，政府、食品企业、第三方机构、媒体和消费者需共同面对食品安全事后修复。事后风险治理面对已经生产或消费问题食品所产生的危害，是一种危害管理，关注事后追责与处罚。例如，美国食品召回委员会由科研人员、技术专家、实地检验人员和执法人员组成，负责与相关企业共同协调召回事宜，在召回流程中，确保问题食品回收及销毁，监督企业清退消费者已付款项，修复消费者对市场食品安全信任。

3.4.4 政府主导与多方参与相结合

政府授权新的资源如专业人士、公民或民间团体加强对食品安全风险检查，让第三方审评、认证、检验机构在食品安全风险协同治理中发挥重要作用，多元风险治理形成食品安全治理闭环。例如，美国通过各方携手合作，使美国食品安全风险协同治理系统有效运行。在政府监管方面，美国食品监管人员由流行病学专家、微生物学家和食品科研专家等专业人员组成，派遣专业人员进驻食品加工厂、饲养场等场所，从科学角度严格把关食品供应链源头，对原料采集、生产、流通、销售和售后等各个环节进行全方位风险治理，并且定期随机调换专业人员，避免发生贿赂、渎职。在公众监管方面，公民或者民间消费者保护团体也是食品安全风险协同治理的重要力量，如消费者可提起公益诉讼阻止违法行为。此外，强化第三方检验和认证，保证认证结果公平公正，在一定程度上节省政府监管成本，优化食品安全风险协同治理资源配置。

3.4.5 公开监管与自我约束相结合

发达国家强调食品安全风险协同治理政策、措施的公开性和透明度，注重培育生产者、消费者的食品安全意识，提升公众对食品安全风险协同治理的参与度，避免媒体对食品安全事件的炒作和误导。对于公开监管，发达国家通过建立公信力平台定期发布食品违规通报，同时实施严格的处罚制度，对违法行为形成威慑作用，保障食品安全（刘家松，2015）。例如，美国制定了《行政程序法》《联邦咨询委员会法》和《信息公开法》，以法律的形式保证食品安全风险协同治理的公开和透明，让公众参与并了解食品安全风险协同治理过程，增强公众食品安全信心；美国食品供应商和销售商若被检出违反相关法律法规，将面临严厉的处罚和数目惊人的巨额罚款。对于自我约束，由于政府监管资源和能力的限制，必须培育食品生产经营者自我约束能力，从源头把控食品安全。欧盟鼓励企业开展食品安全风险协同治理创新，如芬兰肉类加工企业 Snellmcn 通过完善销售渠道管控、统一肉制品配送方式，实现食品全程风险治理；荷兰肠衣生产企业 Vanhessen，通过实行产品机械化加工，再由荷兰总部统一分级、质检、认证，严控食品生产环节质量安全。

3.5 本章小结

借鉴国外食品安全风险协同治理的成功经验，明确国外食品安全风险协同治理发展现状和主要成效，有利于我国制定科学有效的食品安全风险协同治理策略、推进我国食品安全风险协同治理常态化发展。以欧盟、美国、加拿大、日本、新西兰食品安全风险协同治理制度为例，分析国外“集中监管与分散监管相结合”“法律体系与机构职能相结合”“事前预警与事后修复相结合”“政府主导与多方参与相结合”“公开监管与自我约束相结合”等风险协同治理策略，探究对我国食品安全风险协同治理启示，对于推进我国食品安全风险协同治理具有重要的借鉴意义。

4 农村食品安全风险协同治理国内实践

4.1 研究背景

农村食品安全风险协同治理是实施食品安全战略、规范农村食品安全流通秩序的重点与难点。国家统计局数据显示，2020 年全国粮食总产量为 1.3 万亿斤*，农村常住人口约占总人口的 40%。农村作为城市食品市场的主要供给来源与消费场所，加强食品安全风险治理尤为重要。近年来，党和国家高度重视农村食品安全风险治理，中共中央、国务院陆续出台多项农村食品安全风险治理相关政策文件，其中《关于进一步加强农村食品经营监管工作的通知》《关于深化改革加强食品安全工作的意见》等就加强农村食品安全风险协同治理工作做出重要指示，要求制定农村食品经营风险隐患清单，实施农村假冒伪劣食品治理，提升农村食品安全治理水平。同时农村食品安全风险协同治理也是推进乡村振兴战略、建设平安乡村的重要抓手。2020 年中央农村工作会议提出确保国家粮食安全，大力实施乡村振兴战略。2021 年中央 1 号文件进一步指出提升农产品质量和食品安全监管水平。扩大农村食品优质、安全供给，有利于促进食品产业兴旺，建设平安乡村。此外，农村食品安全风险协同治理是响应健康中国行动，提升农村居民健康素养的关键。2016 年，中共中央、国务院发布《健康中国 2030 规划纲要》，要求全面普及膳食营养知识，引导居民形成科学的膳食习惯，推进健康饮食文化建设。国家卫健委数据显示，2020 年我国城市居民健康素养水

---

* 斤为非法定计量单位，1 斤=500 克。——编者注

平为28.08%，而农村居民为20.02%，城乡间居民健康素养水平差距较大，加强农村食品安全风险协同治理，提升居民健康意识成为必要。

近年来，我国农村食品安全监管体系基本建立，检验检测能力不断提高，重大食品安全风险得到控制，农村居民食品安全得到基本保障。然而，随着农业产业化迅猛发展，农村居民日益增长的食品安全需求同不平衡不充分的监管之间的矛盾日益凸显，农村食品安全风险隐患仍然存在。山东即墨农村地区海参养殖违法添加敌敌畏等禁用药品、江西南城农村作坊违法生产肉串等风险食品、河北曲阳农村市场违纪售卖“六仁核桃”和“特伦苏”等山寨食品问题屡见不鲜，突显了我国农村食品安全风险隐患，暴露出农村食品生产经营者安全意识淡薄、监管制度不健全等症结。

农村食品安全风险协同治理是政府监管部门、食品行业企业和社会组织等多元主体参与、协同共治农村食品安全风险的过程（赵德余、唐博，2020），国内学者围绕农村食品安全监管问题展开相关研究。一是强调农村食品安全风险协同治理的重要性。胡跃高（2019）认为食品安全是乡村振兴的首要战略任务，应持续强化农村食品安全监管，推进农业绿色健康发展。二是分析农村食品安全风险协同治理的薄弱环节。李蛟（2018）认为农村经济落后与监管资源分配不公是导致农村食品安全监管困境的主要原因。张蓓和马如秋（2020）立足供应链内部角度，指出农村食品供给体系不规范、物流支撑不发达、市场信息不对称等监管困境。邵宜添等（2020）认为农村生产主体食品安全意识淡薄、农业经济利益导向及监管缺失是导致食品质量安全隐患的外部因素。三是归纳农村食品安全风险协同治理的对策建议。在监管主体方面，黄亚南和李旭（2019）认为应通过完善合作社管理制度、标准化培训等措施推进农民专业合作社实施农产品安全自检。鄢贞等（2020）提出优化媒体报道下农村食品安全风险识别与预警机制，鼓励三方参与农村食品安全监管。在监管技术方面，张喜才（2019）提出强化农产品冷链物流基础设施建设，建立农产品冷链物流全程监管。霍红和詹帅（2019）强调将区块链技术嵌入农产品质量安全全过程监管。

学者们围绕农村食品安全风险协同治理重要性、监管薄弱环节等展开相关研究并形成了较为丰富的研究成果。然而，以往研究成果大多从战略地位、实施策略等视角展开，从系统整体视角较为深入地剖析我国农村食品安全风险协同治理复杂性，基于各地实践经验探索我国农村食品安全风险协同治理复杂性化解思路和对策的研究成果较为匮乏。基于此，本研究探讨我国农村食品安全风险协同治理制度、对象、技术和信息的复杂性，总结我国农村食品安全主要成效，比较分析农村食品安全风险协同治理复杂性化解模式，探索农村食品安全风险协同治理复杂性化解路径，为推进乡村振兴战略提供决策参考。

4.2 我国农村食品安全风险协同治理复杂性

相比城市而言，农村食品安全风险协同治理在制度、对象、技术和信息等方面存在一定差距，这增加了食品安全监管复杂性。农村食品安全风险协同治理环节错综复杂，存在执法不严格、市场不规范、设备不发达、传播不到位等弊端。我国农村食品安全风险协同治理复杂性主要体现如下。

4.2.1 治理制度复杂性：农村食品安全执法不严格

农村地区经济相对落后，食品安全风险协同治理制度尚未完善。一是农村食品市场准入机制不严密（张蓓、马如秋，2020），食品检验检测标准及生产许可要求低，食品违法处罚力度小，导致劣质食品向农村市场转移，农村食品安全风险较城市更大。二是农村食品安全投诉机制不完善，食品安全监管与投诉部门缺位，投诉渠道不畅通，农村居民维权成本更高（王志刚等，2020）。三是农村法治基础薄弱，执法队伍人员配备不足，专业化水平低，执法难度更大（吴晓东，2018）。

4.2.2　治理对象复杂性：农村食品安全市场不规范

首先是农村食品经营主体复杂。食品生产流通企业、合作者和农户等食品经营主体规模参差、地理位置分散、管理相对落后，食品安全控制意识淡薄。个别经营主体由于利益驱动而采取道德失范行为，在食品供应链各环节中制假掺假、滥用添加剂、农兽药等违禁投入品（邵宜添等，2020），诱发农村食品安全风险事件。其次是农村食品零售点和食品种类复杂。农村地区食品销售以集贸市场零售摊点、中小学周边临时摊档为主，食品零售点规模较小、流动性强、经营证照不齐全（张蓓、马如秋，2020），导致农村食品市场秩序混乱。此外，农村食品种类庞杂，三无食品、五毛食品、自制食品等鱼龙混杂，散装食品、裸卖食品等来源不明，商标不齐全、假冒伪劣食品比比皆是。可见，农村食品安全风险协同治理面临监管对象多且分散，监管范围广、难度大且成本高等窘境。

4.2.3　治理技术复杂性：农村食品安全设备不发达

一是农村食品安全风险协同治理技术基础设施不完善，互联网设施建设缓慢，导致食品经营场所监控设备覆盖率低，物流通信设备稳定性差，同时温控运输车、冷库等冷链物流设备缺乏，造成农村食品流通环节风险高，食品安全风险治理难度加大。二是农村食品安全风险协同治理技术研发推广落后，DNA 条形码、微生物检测等食品检测技术，以及区块链、RIFD 标签等食品安全追溯技术尚未全面推广应用，难以开展农药兽药残留、添加剂含量指标等关键项目快速检验，食品信息追溯能力弱，导致农村食品安全风险协同治理过程中取证困难、监管效率低下。

4.2.4　治理信息复杂性：农村食品安全传播不到位

农村食品安全风险协同治理面临信息发布渠道不畅和信息科普宣传

不足两大弊端。首先是信息发布渠道不畅。由于农村信息化水平较低，线上线下融合程度不发达等导致农村食品安全权威信息发布渠道不完善、覆盖面窄，食品安全信息难以在食品供应链上下游成员间共享，加剧了食品安全信息不对称。其次是信息科普宣传形式单一、吸引力不够。我国农村地区大多借助村头宣传栏及街边宣传手册等形式传播食品安全科普知识，在信息易读性、信息丰富性和信息生动性等方面与城市相比差距较大，导致农村居民食品安全信息搜寻意愿和学习积极性低。此外，我国农村居民食品安全认知水平和健康素养程度相对较低，例如农村居民口粮消费高于城镇居民，而肉蛋奶消费量明显低于城镇居民，一定程度上反映了我国农村居民营养安全意识不足（辛良杰、李鹏辉，2018）。

4.3 我国农村食品安全风险协同治理主要成效

按照中央“四个最严”指示精神，各地扎实推进我国农村食品安全风险治理工作（王可山、苏昕，2018），通过完善监管体制，推广食安科技，倡导协同治理等途径，农村食品安全风险协同治理在完善监管政策、加大监管执法和应用监管技术等方面取得一定成效（张蓓等，2020）。

4.3.1 农村食品安全风险协同治理政策日臻完善

政府贯彻落实农村食品安全风险治理重要任务，健全《中华人民共和国食品安全法》《中华人民共和国农产品质量安全法》等法律法规，全面落实农村食品安全风险协同治理工作（表 4－1）。2019 年国务院印发《地方党政领导干部食品安全责任制规定》，明确地方党政领导干部食品安全属地管理责任；2020 年中央 1 号文件指出“重点加快推进高标准农田建设”“深入开展农药化肥减量行动”。农业农村部数据显示，2019 年全国 97％的涉农乡镇建立农产品质量安全监管机构，落实监管人员 11.7 万人。

4.3.2　农村食品安全风险协同治理力度不断加大

近年来我国围绕禁用农药、瘦肉精等进行农村食品安全专项整治。如 2020 年农资打假“春雷”行动、农产品质量安全专项整治“利剑”行动、农村假冒伪劣食品整治行动（表 4-2）等，严厉打击农村食品违法犯罪，强化执法监管。国家市场监管总局数据显示，2019 年上半年查处农村假冒伪劣食品违法案件 1.20 万余件；农业农村部数据表明，2020 年第三季度农产品抽检总体合格率为 97.7%，农村食品交易环境得到改善。

4.3.3　农村食品安全风险协同治理技术持续应用

大数据、物联网等新型技术广泛应用，有效提升我国农村食品安全风险协同治理水平。冷链物流技术、农产品保鲜技术、快速检测技术等食品安全技术不断成熟，为农村食品安全风险协同治理提供有效支撑。如“食用农产品电子合格证”“食品快检车”“智安厨房”等新技术新设备。农业农村部数据显示，当前我国 11 个省市 121 个县级农产品追溯平台上线食用农产品电子合格证，农产品质量安全追溯信息化水平达 17.2%。

表 4-1　农村食品安全风险治理政策演进

时　间	部　门	监管政策	内　容
2015 年 11 月	国家食品药品监督管理局等	《关于进一步加强农村食品安全治理工作的意见》	强化责任意识，加大监管力度，构建农村食品安全共治格局
2016 年 1 月	国务院	《关于落实发展新理念加快农业现代化实现全面小康目标的若干意见》	强化食品安全责任制，作为党政领导班子政绩重要考核指标
2018 年 9 月	国务院	《乡村振兴战略规划（2018—2022 年）》	完善食品安全标准、监管体系，加强投入品和追溯体系建设

（续）

时 间	部 门	监管政策	内 容
2019年1月	市场监督总局	《假冒伪劣重点领域治理工作方案（2019—2021年）》	从生产源头、流通渠道和消费终端全面治理农村“山寨食品”
2019年3月	市场监督总局	《关于进一步加强农村食品经营监管工作的通知》	制定农村食品经营风险隐患清单
2019年5月	国务院	《关于深化改革加强食品安全工作的意见》	实施农村假冒伪劣食品治理行动，建立规范的农村食品流通供应体系
2020年2月	国务院	《关于抓好“三农”领域重点工作 确保如期实现全面小康的意见》	强化全过程食品安全监管，建立健全追溯体系
2021年1月	国务院	《关于全面推进乡村振兴加快农业农村现代化的意见》	加强农产品质量和食品安全监管，推进国家农产品质量安全县创建

资料来源：资料根据中央人民政府（http：//www. gov. cn/）、国家市场监督管理总局（http：//www. samr. gov. cn/）等官网信息整理所得。

表4-2 我国农村假冒伪劣食品专项整治概况

	地区	时间	案件（件）	收缴重量（千克）	市场主体（个）	执法人员（次）	货值（万元）	窝点（个）
	全国	2018年12月	12 000	1 032 000	1 980 000	1 670 000	—	843
东部	辽宁阜新市	2019年9月	194	7 200	4 868	—	—	—
	浙江舟山市	2019年5月	90	529	2 803	1 429	—	—
	河北石家庄	2019年4月	40	1 558	24 950	—	2	9
	北京市	2019年3月	41	3 000	350 000	—	—	8
	江苏苏州市	2019年1月	—	751	—	—	350	1
中部	湖南益阳市	2019年3月	71	4 067	22 912	16 501	9	37
	黑龙江伊春市	2019年2月	—	65	706	1 277	—	—
	江西新余市	2019年2月	30	1 720	1 798	1 261	2	—
	安徽池州市	2019年2月	28	6 291	1 593	2 762	103	—
	湖南常德市	2019年1月	28	3 767	3 366	—	2	—

（续）

	地区	时间	案件（件）	收缴重量（千克）	市场主体（个）	执法人员（次）	货值（万元）	窝点（个）
西部	甘肃兰州市	2020年10月	—	—	22 959	—	—	3
	贵州贵阳市	2019年3月	55	—	19 984	6 530	27	6
	新疆博州市	2019年2月	—	6.08	482	889	—	—
	四川德阳市	2019年2月	21	218	3 702	2 791	5	—
	宁夏银川市	2019年1月	—	28 819	1 675	1 174	6	—

资料来源：数据根据中国打假侵权假冒工作网（http：//www.ipraction.gov.cn/）、国家农业农村（http：//www.moa.gov.cn/）等官网信息整理所得。

4.4 我国农村食品安全风险协同治理复杂性化解模式

我国各地区在长期实践中，探索出法律监管整治、公司农户联动、食安科技驱动和媒体宣传监督等农村食品安全风险协同治理复杂性化解模式，对于推动我国农村食品安全风险协同治理具有借鉴意义。

4.4.1 “法律监管整治”模式：化解治理制度复杂性

法律监管是激发市场活力，确保农村食品市场主体合法合规经营，规避农村食品安全风险，实现食品市场良性发展不可或缺的重要保障（时延安、孟珊，2020）。广东食品安全走在全国前列，高度重视农村食品安全风险治理法规体系建立与完善，打造公开透明的食品安全法律监管环境。

第一，完善立法，健全农村食品安全法律监管机制。一方面提升立法质量（赵德余、唐博，2020）。2019年江门市市场监督管理局、农业农村部完成机构改革，科学建设市、县、镇、村四级食品安全监管法律体系。另一方面突出立法特色。东莞市着力增强农村食品安全立法地方特色，例如长安镇出台食品行业规范整治方案，建立农村食品“两超一非”（超范围超限量使用食品添加剂和食品中非法添加非食用物质）监管机制，为食品安全风险治理提供法律支撑。

第二，公开执法，营造农村食品安全法律监管环境。一方面加强法律监管硬件设施和软件服务建设，为农村群众提供免费食品检测服务（赵德余、唐博，2020）。佛山市设立“1 个农检站＋1 辆快检车＋118 个农残检测点”全方位食品快检体系，创建食品安全“15 分钟快速检测圈”。另一方面提升法律监管透明度，江门市开展“一监到底查食安”网络直播活动，对农村食品、农家乐后厨及农贸市场实施线上社会监管，借助新闻媒体向社会披露执法结果，激励公众参与食品安全社会监督。

第三，科普讲法，推广农村食品安全法律科普宣传。普及法律法规是改变农村消费者信息不对称局面的重要法律保障。一是明确传播对象，江门市面向农村老人、妇女、学生等群体，在校园、社区等场所发放法规手册，举行有奖问答等活动。二是拓宽科普渠道，江门市通过线上线下融合，线下开展农村食品安全法律咨询活动，线上开拓“江门市场监管”公众号政务服务等。三是创新科普形式，韶关市在农村景点制作食品安全宣传彩绘标语，鹤山市举办乡村食品安全“真假信息大分辨”等游戏，增强科普宣传趣味性。

4.4.2 “公司农户联动”模式：化解治理对象复杂性

“公司＋农户”联动模式促进农村食品安全风险协同治理与现代农业有机衔接（叶敬忠等，2018）。农户发挥农村主体作用，龙头企业参与农村食品产业建设，双方形成紧密的利益关系，共同打造高质量农业产业，强化农村食品安全风险协同治理。广西严格落实农村食品安全主体责任，提升农户食品安全控制能力，促进“三品一标”农产品发展迅速，其中无公害农产品占 78%，绿色农产品占 19%，地理标志农产品占 7%，有机农产品占 6%。

第一，农企帮扶，落实企业社会责任。农业龙头企业是农村食品安全风险协同治理中坚力量。在产业链治理方面，方邦食品有限公司与玉林市玉州区仁东镇等地区农户签订种植与收购协议，为农户生产绿色果蔬提供技术支持、安全质检、专车配送等服务，主动承担食品监管帮扶责任，提升农村食品供应链风险预警能力。品牌声誉具有“安全信号”作用，能建立消费者食品信任，督促企业履行社会责任。在品牌声誉建设方面，皇氏甲天下乳业股份有限公司引入风险管理机制，通过牛源健康监测、产品质量检验等方式严控奶源质量，保障生产安全，履行对农村消费者食品质量安全承诺，提升品牌美誉度；强化资金、技术扶持力度，推动当地食品行业等农业产业转型升级，积极承担乡村振兴等社会责任，塑造品牌良好形象。

第二，农户自律，提升自我治理能力。村民自治组织能建立信任关系，是农村食品安全风险协同治理的重要组成部分（吴林海等，2017）。广西农户发挥治理能动性，参加村民自治组织，学习实践先进食品安全知识，增强风险治理意识。南宁市隆安县雁江镇渌龙村创建农户生产合作社，自觉参与天福香公司绿色食品生产及加工项目，联合管控农产品质量安全；百色市田阳县田州镇东江村强化与龙头企业交流合作，推动芒果产业化发展，提升农产品产销能力，预防芒果腐坏变质引发食品安全问题；西林县西平乡高维村等各地村民积极响应“2020年食品安全宣传活动”，提升自身食品安全科学修养。

第三，联动协同，实现治理双方共赢。农村食品安全风险协同治理应完善企业农户利益联结机制。首先是创新农企农户优势互补合作模式。一方面农业企业以供应者角色，提供育种选种、技术指导和资金支持等，解决农户技术匮乏、资金短缺等问题；另一方面，农户是农村主体，作为农村食品安全风险协同治理践行者，应用先进食品生产理念，确保农产品质量标准化。华兴食品集团联合南宁市兴宁区五塘镇坛棍村采用“公司＋农户”合作治理模式，推动肉鸭食品产业化。其次是建设农村物流体系，提升特色农产品订单效率以降低食品安全风险。来宾市创新“电商企业＋合作社＋贫困户”模式，开展农产品产销对接。广西日报数据显示，2019年广西农产品网络零售额达290.9亿元。

4.4.3 “食安科技驱动”模式：化解治理技术复杂性

食安科技驱动是指利用云计算、物联网、大数据等技术，为农村食品主体如种植养殖企业、物流公司、食品零售超市及政府监管部门加强农村食品安全风险协同治理的信息手段。食安科技能创新农村食品智能治理，实现食品全程追溯，提升农村食品安全治理风险预警能力。浙江省基于食安科技创新推广，建设有效的食品安全治理体系（表 4－3）。

表 4－3 浙江省农村食安科技推广

食品安全环节	代表地区	科技驱动	实践策略
生产环节	宁波市象山县	农村食品生产经营主体信息数据库	对农村食品生产主体身体状况、资格许可等信息进行电子化、动态化管理
流通加工环节	金华市浦江县	“掌上执法”“平安检查”APP	对农村学校、农贸市场、食品小作坊等食品安全主体进行检查监督
	湖州市安吉县	“智慧厨房”	智能探头、油烟在线监测、燃气泄漏报警装置等实现全过程可视化监管
消费环节	金华市永康市	“众食安”APP	餐饮企业上传消毒、晨检等信息；消费者举报食品安全问题；监管部门指导整改
全程追溯	嘉兴市嘉善县	智慧监管信息平台及 APP	对农产品生产主体的投入品管理、生产记录、包装、检测到销售进行全程信息追踪

资料来源：浙江省人民政府 http：//www.zj.gov.cn/。

第一，源头可视，优化源头科技治理方法。源头智慧化治理可加强农村食品安全风险事前防控（张蓓、马如秋，2020）。嘉兴市嘉善县采取“浙农云 APP”及线上直播等路径，指导农户学习实践防疫、控害及药肥使用知识，确保农产品安全生产；温州市苍南县建立农资监测预警模式，创新“智能云码”应用模式，实现农产品源头信息追溯；杭州市余杭区塘栖镇设立“食品安全监管云平台”强化食品源头治理。

第二，流通快检，建设流通科技检测体系。在农村重点监管场所推广流通快检技术，识别食品流通环节潜在风险，共享风险检测数据。湖州市安吉县利用食品安全快检车完善农村校园食堂菜品管控督查；金华市浦江县运用食品安全快检车对餐饮店进行科学检测及数据分析；金华市永康市建设食品检测中心，对农村居民免费开放食品安全快检室。

第三，消费智能，打造消费科技治理环境。宁波市借助“掌上农贸市场检查 APP”，引导农村群众参与食品安全监督；嘉兴市嘉善县联合美团、饿了么等平台建设农村网络订餐系统，“以网管网”提升消费信息透明度；嘉善县大云镇联合第三方食品安全检测机构，建设乡镇校园“智安厨房”、农村家宴放心厨房，增强农村新型食品消费场所监管效能，截至2020年9月29日浙江省完成农村家宴“放心厨房”702家。

4.4.4 “媒体宣传监督”模式：化解治理信息复杂性

媒体宣传监督模式能缓解农村食品市场信息不对称问题，维护农村食品消费者权益，不仅是披露农村食品质量信息的重要渠道，更是制约食品违规者的有力途径，对农村食品安全风险协同治理发挥监督作用。河南省发挥媒体优势，拓宽农村食品安全传播范围，强化食品知识普及力度，引导社会共同参与农村食品安全风险治理。

第一，新闻媒体主导，扩大农村食品安全传播范围。媒体监督是弥补监管人员及消费者信息劣势、保护消费者权益的重要途径（莫家颖等，2020）。新闻媒体在河南农村食品安全监管实践中体现信息传播主体角色。一是发布权威食品预警信息，央视3·15晚会曝光河南省“宁远”“欧飞”农村食品企业违法加工辣条等“五毛食品”，提升农村群众食品安全关注力度。二是扩大实践经验传播范围，光明日报报道长葛市后河镇闫楼村建立百姓食堂、成立专业农村厨师队伍等成功经验，正确引导食品生产加工，为农村食品安全风险协同治理提供实践借鉴。

第二，社交媒体辅助，提升农村食品安全普及力度。社交媒体是提升农村食品安全社会关注度的有效手段（张蓓、马如秋，2020）。河南省借助微信、微博、短视频平台等社交媒体进行知识普及，提升群众食品安全科学素养。栾川县通过微信公众号、微博等媒体发布农村校园食品消费警示；洛宁县通过抖音视频等传递食品行政处罚案例、食品抽检等信息；林州市合涧镇搭建“合涧镇食药监管平台”，创建农村食品监管微信群，及时采纳群众监管意见，发布食药政策法规、食品风险预警等动态。

第三，鼓励多方参与，营造农村食品安全社会共治局面。社会共治是推进农村食品安全风险协同治理的有效路径（常乐等，2020）。邓州市餐饮行业协会积极协助龙堰乡政府、刁河村村民开设餐饮食品知识培训班，共同建设刁河村餐饮安全示范街。信阳市政府、中国社会福利基金会、信阳日报社、信阳市平桥区青年志愿者协会等共同举办“520免费午餐”公益活动，保障平桥甘岸镇孔庄小学等农村校园食品安全。

综上，法律监管整治、公司农户联动、食安科技驱动和媒体宣传监督是我国农村食品安全风险协同治理复杂性化解的主要模式（图4-1）。

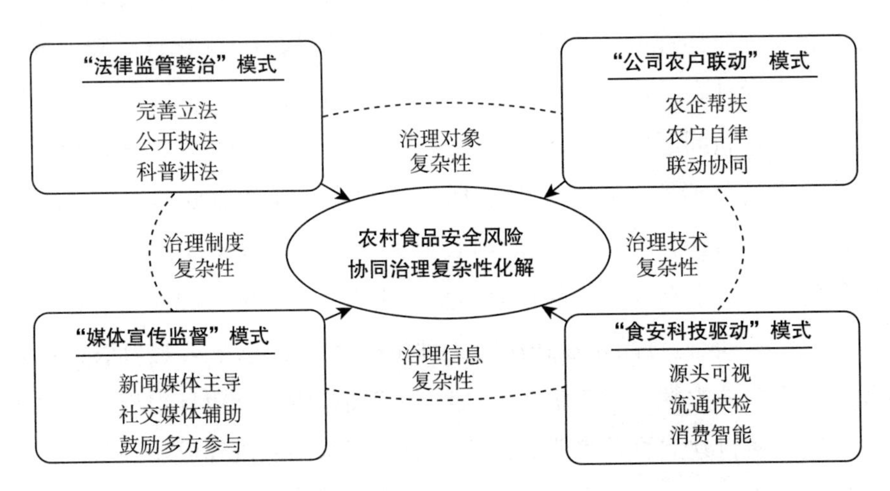

图4-1 农村食品安全风险协同治理复杂性化解模式

资料来源：根据中国食品安全报（https：//www.cfsn.cn/）、农业农村部（http：//www.moa.gov.cn/）等官网信息整理所得。

4.5 我国农村食品安全风险协同治理复杂性化解路径

我国农村食品安全风险协同治理仍面临挑战与考验。一是基层政府存在机会主义行为、监管部门间联系松散、交叉管理、监管标准不一、执法力度小等情况；二是农村食品安全治理组织被关注度弱，且监管合作组织存在利益联结机制不健全、分配不合理等不足；三是基层监管队伍素质水平和监管装备水平有待提高；四是农民食品安全意识淡薄，落后农村食品安全教育有待加强（王志刚等，2020）；五是政府一元监管仍然占据主导，农村食品安全风险协同治理程度不高（徐国冲，2021）。由此，提出以下化解路径及建议。

4.5.1 严厉执法，落实农村食品安全主体责任

第一，构建食品安全长效机制。推动执法部门落实属地监管责任，完善基层执法队伍建设体系；健全法律法规培训制度，增强农村食品安全主体法治意识。第二，提升执法检查力度。定期对农村食品小作坊等重点主体，群众日常大宗消费食品等重点品种开展执法工作。第三，强化食品专项整治。开展农村食品标签侵权、假冒伪劣食品生产经营等专项整治，加大农村网络食品违法案件处罚力度，保持农村食品安全领域犯罪严打高压态势。

4.5.2 组织创新，优化农村食品安全合作模式

一是加强组织支持力度。鼓励和扶持村民自治组织与龙头企业开展合作，优化利益联结机制；提供政策、资金及其他资源支持，推进示范基地等基础设施建设，激发组织创新动力。二是界定政府与组织关系。乡镇政府简政放权，减轻食品监管行政压力，促进合作，保障组织独立性与自主性。三是明确组织自身定位。明确企业农户食品监管分工，完善组织内部合作机制；积极开展技能培训活动，提升组织成员食品安全

素养与监管能力。

4.5.3 科技下乡，创新农村食品安全技术支撑

首先，科技资源下乡。加大技术研发和应用，推动智能工具、大数据等科技资源向农村下沉，加快农村食品数据库建设，完善农村食品溯源体系。其次，科技人才进乡。协同科研机构、高校开展食品技术交流活动，组织农村科技特派员、食品安全专家下乡开展食品安全培训班，推动新型农民人才队伍建设。最后，科研支持下沉。加大农村科技研发经费投入，扶持农村电商等新业态，推动优质农产品产销对接；加快食品设施创新升级，支持检测设备等科技成果转化服务农村食品安全风险协同治理。

4.5.4 科普宣传，提升农村食品安全健康素养

一是完善科普设施。加快农村食品安全科普站、科普示范基地、科普宣传车、科普画廊及乡村食品安全风险投诉热线等基础设施建设，为开展农村食品安全系列化科普活动提供条件，提升农户食品健康素养。二是创新科普方式。借助微博、微信、QQ和抖音短视频等媒体提升农村食品安全社会关注度，引导农村居民形成正确的食品安全观念；举办食品安全知识竞赛，增强科普宣传趣味性和生动性。三是传播先进范例。打造“食品安全示范企业”“食品安全示范村”，开展农村食品安全典型案例宣传报道。

4.5.5 多方参与，践行农村食品安全社会共治

政府优化“政府监管、企业自律、媒体监督、行业组织约束、群众参与”农村食品安全风险协同治理网络；企业建立良好生产规范，履行农村食品安全社会责任；媒体加大农村食品安全关注度，传递食品准确信息，引导食品安全正确价值观；行业组织畅通农村食品生产、流通、消费信任渠道；强化农村居民食品安全科学素养，积极参与农村食品安

全风险治理。

4.6　本章小结

明确农村食品安全风险协同治理内涵、治理复杂性及主要治理成效，总结我国广东、广西、浙江、河南四省份农村食品安全风险协同治理的典型实践，归纳出“法律监管整治”“公司农户联动”“食安科技驱动”“媒体宣传监督”四种风险协同治理模式，并在此基础上探讨落实主体责任、优化合作模式、创新技术支撑、提升健康素养、践行社会共治等农村食品安全风险协同治理路径及对策建议，为推动乡村振兴战略有效实施提供实践路径，为加强我国农村食品安全风险协同治理提供决策参考。

5 农村食品安全风险协同治理系统分析

5.1 研究背景

农村食品安全风险治理既关系到我国农村居民身体健康及生命安全，更关系到农村产业经济发展及社会繁荣稳定。近年来，我国农村食品安全事件频发，黑龙江某农村村民误食剧毒“无标识食品”、湖北省某农村学校周边店违规售卖“五毛食品”、安徽省某农村市场违法制售“山寨食品”等事件层出不穷，使消费者对农村食品安全现状感到震惊和担忧，阻碍农村产业发展和社会进步（吴晓东，2018）。2020 年中央 1 号文件指出通过“强化全过程农产品质量安全和食品安全监管”“开展农村假冒伪劣食品治理行动”等保障农村居民“舌尖上的安全”。然而，我国农村幅员辽阔，人口密集程度低，产业规模化程度不高，导致农产品同质化严重、质量标准不一、供应链体系不健全。农村食品安全涉及食品企业、合作社、农业经理人、行业协会和政府等多方利益主体，这在很大程度上增加了其风险治理的复杂性（邓灿辉等，2019）。学者们从完善农村食品安全监管配套制度（倪楠，2016）、提升农村食品监管执法水平（李蛟，2018）和强化农村食品安全宣传教育（刘文萃，2015）等方面提出农村食品安全风险治理思路与对策。然而，农村食品安全风险协同治理涵盖食品供应链全过程，涉及多部门、多主体，是一项复杂的系统工程，亟须采用系统的思维及方法进行审视及分析（唐智鹏等，2020）。

5.2 农村食品安全风险协同治理系统结构

"物理（Wuli）—事理（Shili）—人理（Renli）"系统方法论（以下简称WSR）强调对不同研究对象可运用不同的方法及理论作为支撑，关注问题的整体性、动态性及层次性，剖析系统要素的相互关系（周晓阳等，2020），做到"懂物理，通事理，明人理"，实现系统整体效益最优（Tong、Chen，2008）。其中，"物理"指事物在实际演化过程中展现的特征及客观规律，涉及物理、地理、生物等知识，主要运用自然科学相关理论，对"物""是什么"进行阐释；"事理"指做事的道理，主要关注如何开展配置资源，协调人员及设备等，主要运用管理科学、系统科学等多领域学科方法及相关技术，关键是探讨"如何去做"；"人理"指做人的道理，其过程主要运用人文科学等相关领域知识，对系统中相关主体职责、职能及相互关系进行多角度透析，回答"应当怎样做"和"最好如何做"的问题（张蓓等，2020），见表5-1。

表5-1 WSR系统方法论

类别	物理（W）	事理（S）	人理（R）
对象及内容	客观物质世界法则和规则	组织、系统管理	人、群体间关系
焦点	是什么？功能分析	怎样去做？逻辑分析	应当怎样做？最好如何做？行为分析
实践准则	懂物理 要求诚实，追求真理	明事理 注重协调，追求效率	通人理 讲究人性、和谐，追求成效
理论基础	自然科学	管理科学、系统科学	人文科学

资料来源：赵国杰，王海峰，物理事理人理方法论的综合集成研究[J]．科学学与科学技术管理，2016，37（3）：50-57。

农村食品安全风险协同治理涉及主体、客体和过程等系统要素（胡颖廉，2016），是指面对农村食品安全风险情境，乡镇政府、村委会、农村市场主体、第三方组织、信息媒体和消费者等多方主体统筹协调，共同参与农村食品安全风险治理工作，实现整体效益最优（葛笑如，2015）。我国农村在地理风貌、自然资源、生态环境、农业生产规模、技术支撑、流通业态、社会文化等方面存在客观差异，亟须立足WSR系统方法论，从多视角、多维度、多层次构建我国农村食品安全风险协同治理系统框架，研究农村食品安全风险协同治理客体“是什么”，风险协同治理过程“怎样去做”，风险协同治理主体关系“如何协调”。风险协同治理客体指农村食品安全风险治理具体对象，主要表现为农村食品类别、农村自然资源、农村食安技术、农村食品渠道、农村基础建设等（张蓓、文晓巍，2012）。风险协同治理过程指农村食品安全风险协同治理实施过程，涵盖食安政策法规、食安标准体系、联动监管模式、诚信奖惩机制、村民维权渠道等系统要素。风险协同治理主体包括乡镇政府、村委会、农村市场主体、农村第三方组织、农村信息媒体和农村消费者等系统要素，必须充分发挥农村食品安全风险治理主体主导作用，完善治理相关主体。

可见，“物理”是农村食品安全风险协同治理的基础及前提；“事理”是“物理”实现的方法、手段和途径，为农村食品安全风险协同治理系统提供运行顺畅保障；“人理”强调利益相关主体间矛盾，通过调动各方积极性实现决策最优，是提升农村食品安全风险协同治理效率的重要途径。因此，农村食品安全风险协同治理要对物理、事理和人理进行整体统筹和综合协调，共同保障农村食品安全（图5-1）。

5.3 农村食品安全风险协同治理系统要素

我国农村食品安全风险协同治理受到产业经济环境、技术资源禀赋及社会文化氛围的影响，贯穿于食品生产、流通和消费各环节，涵盖乡镇政府、村委会、农村市场主体、农村第三方组织、农村信息媒体和农

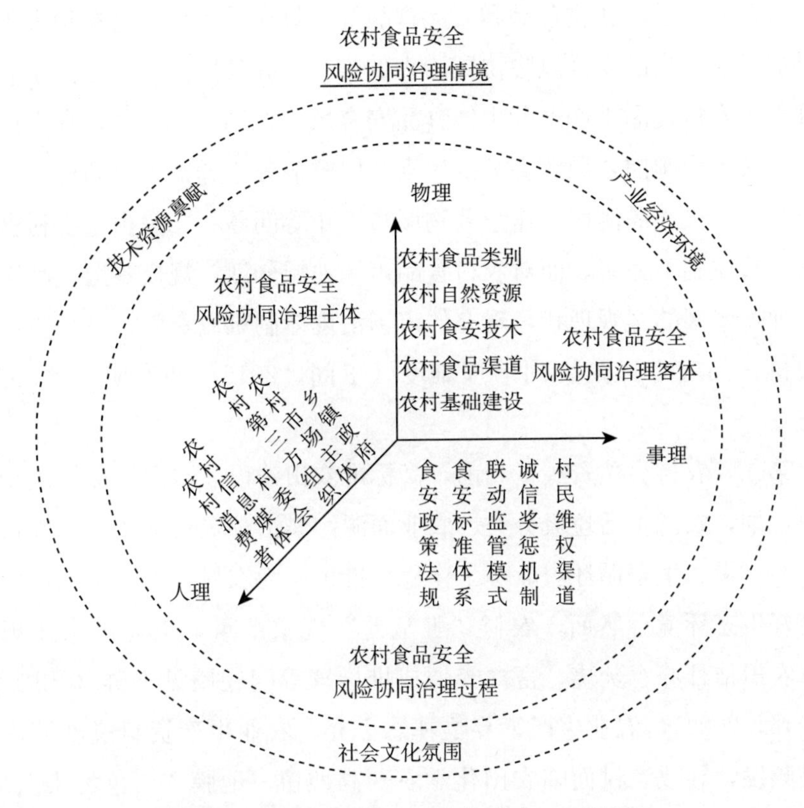

图 5－1　农村食品安全风险协同治理系统结构

村消费者等农村食品安全多方主体，农村食品类别、食安技术、食品渠道、基础建设等风险协同治理客体，以及食安政策法规、食安标准体系、联动监管模式等风险协同治理过程。从“物理—事理—人理”视角分析农村食品安全风险协同治理客体、过程和主体等系统要素，为明确我国农村食品安全风险协同治理系统特征提供理论指导。

5.3.1　农村食品安全风险协同治理“物理”分析

第一，农村食品类别。随着我国农村产业化进程推进，绿色农产品、地标农产品、无公害农产品和有机农产品等安全食品产品丰富了农村食品种类，不仅提升了农村食品安全整体水平，也为农村食品安全风险治理提供了保障。然而，农村食品类别良莠不齐，违法添加食品、假冒伪劣食品、过期变质食品和三无食品等大量充斥市场，这在很大程度上增加了农村食品安全风险协同治理的难度。究其原因，一是由于农业经理人、农村食品生产经营主体食品安全风险控制意识不强，存在严重机会主义行为倾向，导致各类抗生素、保鲜剂等添加剂含量超标，劣质肥料等农业投入品滥用，违禁药物屡禁不止等问题；二是由于农村食品市场监管体制不完善，面对农村食品市场地域分散、规模零散、品牌缺乏、种类繁多的客观现状，现有的市场治理体制难以奏效，进一步增加了农村食品安全风险协同治理难度（王阁，2016；刘春明、郝庆升，2018）。

第二，农村自然资源。当前，高标准农田建设、水源地保护运动等建设规划，农村生活垃圾分类、农业面源污染治理等行动实施，农村生态文明建设、生态循环农业等工作稳步推进，为农村食品安全生产营造了良好生态环境。然而，农村“脏乱差”现象严重，工业污水违规排放、农田秸秆肆意焚烧、畜禽粪便成堆堆置等问题屡见不鲜（汪国华、杨安邦，2020），农业生产废弃物肆意丢弃、农业生产资料过度使用等问题频发，导致农村面临农田化学农药高残留、地膜“白色污染”、农田污水横流、耕地板结、土壤酸化等严峻的农业环境恶化问题，严重影响食品生产安全。农村自然资源安全隐患严重，加剧了农村食品安全风险协同治理难度（叶子涵、朱志平，2019）。

第三，农村食安技术。农村食安技术涵盖农村食品生产加工、流通销售等多环节，涵盖种间种植、生态养殖和节水灌溉等生产技术，挤压膨化、油炸等加工技术，标签印刷、分级包装、贮藏保鲜和冷链物流等流通技术。农村食安技术推广普及不仅有利于控制农村食品安全风险，也为提高农村食品安全风险协同治理能力提供科技支撑。然而，农村食安技术推广应用受到财政补贴有限、技术人员专业化程度不高等条件局限，引发食品生产流通过程中劣质农兽药等农业投入品过量投放、膳食纤维、维生素等营养损失、包装封面油渍残留、印刷材料重金属超标、食品标签信息缺失或虚假宣传等食品安全风险隐患

（何悦、漆雁斌，2020），不但损害农村食品口感与风味价值，甚至对消费者健康和人身安全造成威胁，制约了农村食品安全风险协同治理进程。

第四，农村食品渠道。新零售新电商背景下，农村食品流通渠道体系与时俱进。首先，传统的农村食品实体零售商店、农村食品集贸市场、农村食品流动摊档、农村商业餐饮场所、农村学校食堂等不断完善。与此同时，随着农村电商迅速发展，农村食品线上销售、农村社区电商、农村食品微商、农村食品外卖等平台经济新业态方兴未艾。具体而言，农村食品渠道包括食品加工“小作坊”、产地批发市场、二级批发商、销地批发市场等多级批发市场，以及传统农贸市场、私营超市、小卖部、路边流动摊贩、食品供销超市和新型农村电商平台等。这在一定程度上提升了农村食品流通效率，但是渠道多样化和创新化也为农村食品安全风险治理提出了新的挑战（谢天成、施祖麟，2016）。一是主体责任落实难，诸如营业执照与许可证等经营资质认定不齐全、准入机制建设不足，食品货源查验不足、成品留样送检制度不完善等。二是管理规范性不足，食品流通过程出现食品进销货票据、台账、质检合格证及生产厂家联系方式缺失等问题，食材加工场所易出现制作间油污清理不净、生熟食交叉污染等风险隐患（张蓓、马如秋，2020）。三是食品销售条件不达标，农村食品零售时散装型腌制食品露天售卖，引发霉菌滋生，“五毛”食品质量堪忧，山寨食品大量倾销、过期食品违规售卖等现象层出不穷。

第五，农村基础建设。当前我国农村食品已形成家庭农场、标准化生产基地、现代农业示范区等独具特色的食品生产基地，食品工厂、食品小作坊等食品加工基地，以及农村冷库物流中心、农村电商平台等食品流通基地，为农村食品安全风险治理奠定了良好外部环境。然而，农村基础建设仍不尽人意。一是农村交通网络不发达，道路建设有待推进、电力、光纤网络等公共基础建设相对落后。二是基础设施配套不完善且科技含量低，设备陈旧老化且科技成果转化率低，网络信息平台建设不规范（朱宝等，2015）；此外，农村生产加工基地、冷库物流中心等基础建设覆盖面小且布局分散，导致基地机械化与集约化程度不足（田世英、王剑，2019）。三是基地人才队伍建设不足，专业培训不充分、人员专业素养不高、安全控制能力不足。

5.3.2 农村食品安全风险协同治理“事理”分析

第一，食安政策法规。我国农村食安政策法规日臻完善（表5-2），然而，农村食安政策法规体系的完善与实施仍面临挑战。一是法规条例不健全。针对小作坊、流通摊贩、小餐馆等小微主体的农村食品安全法规体系尚未健全，法律边界不明确且农村食品安全刑事案件的司法解释不充分（康临芳、马超雄，2016）。例如，现行法规针对从业人员健康审查等具体问题的裁决标准尚不明确，无法可依导致治理盲区。二是执法工作难开展。农村地区执法部门对食安政策重视不够、宣传不到位，政策信息传递过程失真，且不同主体政策认知解读能力有限导致执行程序不统一（张志勋，2017）。三是违法治理力度不足。滥用农业投入品、非法使用违禁药物、出售假冒伪劣食品等农村食品安全违法案件移送、信息社会通报等机制不健全。

第二，食安标准体系。农村食品安全标准体系不断完善，当前已形成了食品通用标准、食品产品标准、食品相关产品标准、生产经营规范标准、营养与特膳食品标准、农兽药残留标准、食品添加剂标准、营养强化剂标准等一系列内容，但仍存在诸多问题。一是标准体系不健全。农村食品安全标准涉及食品种植、加工工艺、包装材料、产品标准和检验检测等领域，其中对农村食品重金属污染、农兽药残留等细则修订仍不完善。二是主体落实不到位。各级农村食品安全风险治理的政府监管部门对标准理解不足与认知偏差显著（康临芳、马超雄，2016）、检验标准交叉重复或缺失等现象严重（钟筱红，2015），导致食安标准落实不到位。

第三，联动监管模式。我国农村食品安全监管模式以“分段监管为主、品种监管为辅”为特征，其中，农业部负责监管食用农产品生产环节，食品药品监督管理部门负责监管食品生产、流通、消费等多环节（李梅、董士昙，2013），现存监管模式一定程度上缩短监管链条、精简监管层级，弥补了不同部门间监管职能交叉的缺陷，提高了政府监管效率。然而，农村食品安全监管模式仍存在监管部门治理权责不清、单一政府的监管力量有限、对非政府主体的社会监管力量培育严重不足等弊端（邓刚宏，2015），导致农村食品安全风险治理存在主体责任落实不到位、监管总效率低下等问题。

第四，诚信奖惩机制。在我国食品安全诚信档案建设的背景下，农村食品安全风险治理也推进诚信奖惩机制的实施。具体而言，农村食品安全诚信奖惩机制主要包括食品安全监管绩效考核、价格激励、行政晋升等奖励机制，行业规范、行政问责、食品安全企业标准等约束机制，以及食品安全信用信息管理、食品供应链安全诚信风险识别与评估等诚信建设。一方面，通过实施农村食品安全风险治理约束机制，提升农村食品企业、农业经理人等多元经营主体的道德水平和诚信水平进而提升其食品安全风险控制意愿，可在一定程度上弥补食品安全市场失灵和政府监管失灵；另一方面，通过实施农村食品安全风险治理激励机制，发挥政府对食品安全多方参与主体间利益的协调能力，对利益分配调整以引导治理安全风险控制行为（牛亮云，2016）。

第五，村民维权渠道。当前农村食品安全风险维度渠道尚未发育完善，农村居民主要通过拨打12315消费者维权投诉热线、与食品生产经营者协商、向乡镇工商所、消费维权联络站申诉、主动寻找农村消费维权义务监督员等渠道进行维权投诉。由于维权制度不完善、维权渠道不畅通、维权成本高昂、维权举证难、维权补偿有限等客观条件制约，以及农村居民食品安全素养整体偏低、食品安全法律认知有限、食品安全维权意识淡薄等原因，导致农村居民尚未形成何为维权、维权方式与维权对象等合理维权概念，食品安全合法权益未得到有效保障（王志刚等，2020）。

表 5－2　我国农村食品安全相关政策文件

发布时间	发布单位	政策文件	主要内容
2016 年 11 月	国务院	《关于开展农村食品安全治理专项督查工作的通知》	落实监管责任，结合本地实际制定农村食品安全治理工作专项方案，开展“清源”“净流”“扫雷”“利剑”四大行动
2017 年 4 月	国务院	《2017 年食品安全重点工作安排》	加强食品安全法治建设，完善特色农产品的农兽药残留限量标准，净化农业生产环境，加强种养环节源头治理，严格生产经营过程监管，建立统一权威的食品安全监管体制
2019 年 3 月	农业农村部、商务部、公安部等	《关于加强农村假冒伪劣食品治理的指导意见》	严格落实食品生产经营许可制度，加强对食品生产经营企业现场检查和产品质量抽检；加强农村市场食品流通监测；全面清查食品经营主体资格
2019 年 5 月	国务院	《关于深化改革加强食品安全工作的意见》	严格农兽药残留、重金属等食品安全通用标准，与国际标准接轨；严把产地环境、投入品及食品加工、流通、销售等质量安全关，实施最严厉的基层执法与问责机制
2020 年 12 月	农业农村部	《关于促进农产品加工环节减损增效的指导意见》	加强设施建设，改进工艺装备，推行绿色生产，修订农产品加工业国家标准和行业标准，发展农产品初加工、精深加工及综合利用加工减损增效
2021 年 2 月	国务院	《关于加快建立健全绿色低碳循环发展经济体系的指导意见》	鼓励发展生态循环农业，加强农膜污染治理；加强绿色食品、有机农产品认证和管理；推进农药、兽用药减量增效和产地环境净化行动
2021 年 3 月	农业农村部	《农业生产三品一标提升行动实施方案》	加快推进品种培优、品质提升、品牌打造和标准化生产，引领农业绿色发展，提升农业质量效益和竞争力

资料来源：资料根据中央人民政府（http：//www. gov. cn/）、农业农村部（http：//http：//www. moa. gov. cn//）等官网信息整理所得。

5.3.3 农村食品安全风险协同治理“人理”分析

第一，乡镇政府。各级乡镇政府开展生产隐患排查行动、农村假冒伪劣食品专项整治行动、食品安全“清源”“净流”等专项整治计划。农村食品安全风险治理政府失灵情形依然存在。一是乡镇监管力量薄弱，基层监管人员少且专业水平有限；二是乡镇政府监管资金、人力等资源有限，农村食品安全检测站点少且监测效率低、精密检测技术设备缺乏（牛亮云，2016）；三是乡镇政府监管部门协作性差，农村食品安全风险协同治理体系涉及农业、食药监、工商、质检等多部门协作，多头监管、互相推诿扯皮、治理权责不明等乱象时有发生（张志勋，2017）。

第二，村委会。作为基层的农村食品安全风险治理主体，村委会在农村地区发挥了独具特色的自治功能，其发挥广大人民的群体优势，有效地参与日常食品安全风险治理行动，一定程度起到了矫正市场失灵状况与弥补政府、社会组织监管不足的作用（吴林海等，2017）。但由于不具有执法监管的职能与欠缺专业的食品安全检测技术，村委会参与农村食品安全风险治理现状不尽如人意。村委会成员的食品安全知识相对匮乏，只能依据组织的自治功能对管辖范围内的食品生产、流通、消费过程中涉及的经营主体进行道德约束与宣传科普（吴林海等，2016），取得的监管成效相对有限。

第三，农村市场主体。农村食品市场主体涵盖农业经理人、农民合作社、农村食品企业、线上线下零售商、物流服务商以及金融、信息等支撑组织。首先，农业经理人仍普遍面临生产素质不高、新型技术掌握程度较低、作业方式不规范、守法意识弱、重要食品安全信息不对称的现实境况（张蓓等，2020）。其次，“农村合作社＋农户”模式推广有利于基于组织内部自律机制统一生产、加工等作业方式，发挥从源头保障食品安全的优势；合作社种植户对专业化程度高的新技术采纳意愿更强，但受到组织各项标准局限性较强、自主性较弱（冯燕、吴金芳，2018）。

此外，农村食品零售商分布散，数量众多的特点加剧农村食品安全风险治理危机，存在主体安全控制意识缺乏、进货渠道不规范、质检报告等证件缺失、投机采购假冒伪劣食品或违规销售三无食品等问题。

第四，农村第三方组织。包括食品行业协会、科研机构、食品检测机构等农村食品安全风险协同治理第三方社会力量。例如，食品行业协会发挥乡镇政府与农村市场主体间信息桥梁作用，协助修订、落实农村食品安全标准等职责，为规范农村食品市场主体行为与降低农村食品安全风险建立了组织自律机制；科研机构为农村食品安全风险治理提供高新技术培训指导，进行产品质量检测及认证（牛亮云，2016）。然而，食品行业协会在农村食品安全风险协同治理过程中存在农村地域影响力弱、基站铺设面小、自治机制不完善、发展模式不健全等局限，基层科研机构面临技术人才队伍不健全、政府科研经费投入不足、农村技术现实应用水平低、科技设施不完备等窘境。

第五，农村信息媒体。农村食品安全风险信息媒体既包括报纸、杂志、电台、电视等传统媒体，也包括微信、微博等新型社交媒体，这些媒体共同发挥着农村食品安全风险信息报道、披露、评论和科普等舆论引导功能，保障了农村居民食品安全风险知情权，在很大程度上化解了农村食品安全风险信息不对称问题（周开国等，2016）。然而，部分媒体依然存在食品安全风险信息选择性报道、内容失真甚至歪曲事实等问题，导致农村居民对农村食品安全风险现状认知偏差严重，约束了媒体对农村食品安全风险协同治理领域的舆论监督功能。

第六，农村消费者。农村消费者作为农村食品安全消费的核心主体，以老年人、妇女和儿童为主，他们具有消费能力有限、饮食习惯不科学、食品安全认知水平较低且食品安全谣言甄别能力不足等特征（张蓓、马如秋，2020）。例如，他们对绿色食品、无公害食品等“三品一标”健康食品标志认知不全，对廉价食品存在一定偏好。当发生食品伤害危机事件后，由于维权意识淡薄、维权途径不畅且乡邻人情观念根深蒂固，他们通常放弃使用法律武器维护自身权益，从而加剧了农村食品安全风险协同治理危机。

5.4 农村食品安全风险协同治理系统特征

5.4.1 风险协同治理过程复杂性

我国农村食品安全风险协同治理系统受到政策环境变化、标准制度革新、监管模式更迭等因素影响，又面临消费转型升级、产品营销创新、品牌强国战略等治理环境变化，治理过程受到外界环境演变、时空动态演进的影响而错综复杂。具体来说，农村食品安全风险协同治理既要借助政府、市场主体、第三方组织、媒体、农户及合作经济组织、农村居民等多方合力，更要立足农村自然资源、社会环境实际，针对农村食品类别、供应技术、农业投入品等现状，优化农村食品产地准出制度、市场准入机制、标识包装管理、检测检验标准等。农村食品安全风险协同治理网络复杂交错，需要供应链相关主体相互协调。此外，农村食品安全风险协同治理还受到政策法律、科技程度、网络营销、消费转型等外部环境影响。总之，农村食品安全风险协同治理系统过程涉及要素多、关联性强、差异性大，系统要素呈现动态性及高阶性。

5.4.2 风险协同治理症结涌现性

农村食品安全风险贯穿食品源头生产、加工运输、销售消费全程，且食品供应链长、结构关系复杂，且各环节节点衔接程度不一，农村食品安全风险涌现。一是源头生产风险。农村食品生产受洪涝、干旱等自然气候及疫情等影响，生产经营利润微薄，食品供应行业竞争激烈，加剧了源头供应脆弱性。且我国农村标准化种植、养殖大棚数量有限，农业供应基地、水利灌溉等基础设施建设不足，现代化生产基地稀缺，农村食品生产主体多采用集约化种植、养殖方式，封闭畜群饲养密度过高、疫病防控能力不足，患病动物制成的肉制品、乳制品易进入农村食品供应链，容易诱发农村食品安全风险事件。此外，为缩短农产品生长周期、降低动植物患病率，生产主体易超量使用抗生素、非法添加剂等，增加了农村食品安全风险协同治理难度。二是加工运输风险。农村食品生产工艺落后，多采用村民自制、小作坊生产等加工模式，规模化、产业化加工企业数量较少。且加工主体诚信意识、责任意识不足，导致食品原料来源渠道不明、加工操作规范性差、包装材料有毒有害、产品标识信息虚假等现象突出。此外，农村地处偏远，道路崎岖，交通电网等建设质量及水平普遍较低，且农村食品流通企业规模小、冷链设备落后，而食品运输过程对温度控制、装卸规范、卫生水平均有严格标准，农产品易腐性的特征导致农村食品更易因腐坏变质引发质量安全风险，农村食品加工运输监管风险难以规避。三是销售消费风险。农村地区食品零售网点与农贸市场大多依托于村民基本生活需求而生，呈现数量多、规模小且分布稀疏等特点，同时在经营过程中存在进货、再加工、出售等环节所需的相应资质认定不合格、手续办理不过关等监察困境；销售主体普遍存在食品安全保障意识不强、逐利倾向严重、食品安全知识素养欠缺等监管难问题；此外，食品零售贮存环境不卫生，防潮防虫害防火措施不到位，餐馆加工场所脏乱不净，菜品加工过程缺乏卫生保障，原材料验收、盘点等制度不健全，加剧了食品销售环节质量安全风险。

5.4.3 风险协同治理方式适应性

农村食品安全风险协同治理过程链条冗长，涉及主体众多，关联节点环环相扣。政府部门监管环节中执法方式不当导致监管缺位、错位问题频现，提升了食品安全风险治理难度。一是单一的政府分段监管模式导致农村食品安全信息公开程度不足，监管追责体系不健全、执行力度低，不同监管主体利益关系交织、错综复杂等管理困境，同时，食品监管工作牵涉农业、卫生、工商、质检等不同政府机构配合，多方政府主体协作治理中难以避免部门间推诿扯皮、治理权责不明、不合理寻利等乱象的发生，极大降低监管工作效率。二是监管新型方式及技术向农村地区推广落地难。必须以政府、村委会、科研机构、行业协会、媒体等主体为核心，整合多方治理力量，化解食品安全治理的“政府失灵”，实现各方主体资源与功能互补。此外，农村地区新型技术下乡难，传统检查方式仅停留在使用眼观、鼻嗅等感官方法，难以有效辨别食品质量。执法设备老旧落后，高精密检测仪器缺失，食品安全监管人员专业知识和科技素养有限，也会导致农村食品安全风险治理难以化解包装造假、非法添加剂泛滥等问题。

5.4.4 风险协同治理资源分散性

农村食品安全风险治理链条长、农村食品市场零散且分散，农村居民分布不集中等特征突显了监管资源有限性与分散性，监管资源配置不均加剧了农村食品安全风险协同治理难度。一是监管范围及监管对象分散性。农村地区食品监管面积广大、区域地形地貌复杂，而原材料生产者分布于广大种养殖地区，以小作坊、小工厂为主的农村加工点、小食品零售点、小餐馆等市场主体在农村厂房、居民区内散乱分布，缺乏规范化管理措施。二是监管主体分散性。政府、村委会、第三方机构、媒体等主体构成农村食品安全风险协同治理体系，但多方主体在统一组织、调配协作等方面存在困难，导致农村食品安全检测及执法的人力物力资源紧缺和地域分配不均衡。

5.5 农村食品安全风险协同治理系统运作

5.5.1 精准施治，治理法规完善全面

一是健全生产环节法律法规。大力落实生态环境保护法规，深入规制农田秸秆、畜禽粪等生产废弃物处理程序，严格农、兽药等农业生产投入品安全含量标准；深入修订农村食品安全法实施细则，明确生产主

体食品安全风险责任制度。二是健全流通环节法律法规。进一步明确农村食品流通安全监管法律的范围与标准，严格统一包装、添加剂等食品安全标准；强化农村电商平台注册登记、产地来源查验等准入机制建设，普及食品原料溯源、检验证明、流通记录等细则规范，推进控温保鲜技术及预冷程序标准建立。三是健全消费环节法律法规。为保障农村食品消费安全，监管主体亟须明确法律监管边界，细化司法裁判标准要求，严格农村食品安全标准分类，健全农村食品企业标准备案制度与诚信档案制度，严惩食品假冒伪劣等违法行为。

5.5.2 部门联动，治理职能均衡协调

一方面亟须建立清晰的食品安全法规条例以明确各部门分段监管的治理权责，建立强效问责机制以实现分工明晰、责任到人。实现宣传教育广泛、常态化，强化监管主体食品安全观念意识，并建立更严格的监督与惩罚机制，以行敦促警示之效。另一方面，为实现合理且高效的配置监管资源，政府须优化内部监管组织结构，特设统一的资源整合部，由上至下对市镇县乡村等不同层级的有限资源进行综合协调，进一步优化专项整治、突击抽检、日常巡查等农村食品安全监管行动的人物力资源配置，共筑长效监管机制，提升政府监管效率。此外，推动人才、技术、设备等资源向基层倾斜，强化对农村食品安全监管人员的培训教育，有效提高基层人员对先进检测设备的熟练程度，解决人员认知不足的问题。

5.5.3 多方参与，治理模式共享共治

我国农村食品安全风险协同治理的实现不仅依靠政府部门，更需要引导自治组织、行业协会、科研机构、权威媒体等多方社会主体联动，推进农村食品安全监管模式共治共享。基于社会视角，一方面需畅通政府与多方主体之间的交流渠道，降低信息不对称风险。扩大多方主体农村服务站点的辐射面，健全组织自治机制，提升社会影响力。另一方

面，多元主体整合社会资源，以功能性优势弥补政府监管链条中的薄弱点，实现不同组织对同一监管工作中不同环节的精准衔接，发挥更大治理新优势。自治组织应发挥广大人民的群体优势，健全组织自律机制，进一步凝聚村委会、农民合作社等基层自治力量；科研机构应加强技术型人才队伍建设，提高科技设备铺设率，增强农业科技成果的转化与现实应用；权威媒体应发挥媒体优势跟进全面动态的报道，与政府部门共同推进农村食品信息追溯平台建设，信息共治共享不仅利于填补民众信息空白，还能鞭策市场主体自律自查，引领食品行业健康发展。

5.5.4 与时俱进，治理措施开拓创新

开拓监管新模式，系统引进前沿监管技术，助力“互联网+”农村食品安全风险协同治理体系建设。一方面，加快适应新型治理环境的动态演变。把握时代科技更新迭代、农村食品网络营销、电商销售方式创新、品牌意识强化等环境新特征，开拓农村食品安全多元协同治理新模式。另一方面，依托云计算、物联网等前沿科技，加快现代农业发展，充分构建“互联网+”农村食品安全风险协同治理体系。构建起涵盖农地生产、工厂加工、成品流通、线上线下销售等供应链环节在内的闭环式食品数据动态监测体系，实现多方主体共治共享，促进风险协同治理系统协同化和智慧化发展。此外，依托“互联网+”大数据技术，增强农村食品安全网络谣言平台的实时抓取及精准辟谣功能，阻遏不实谣言传播，强化农村食品安全网络舆情治理；基于新兴权威媒体、社交媒体等网络渠道增进农村食品安全风险信息交流。

5.5.5 统筹兼顾，治理效益整体最优

加强我国农村食品安全风险协同治理，统筹经济、社会、环境各要素均衡发展，实现三方效益均衡。一是保障农村经济效益，增加农村食品行业收入。通过健全农村食品安全风险协同治理机制，持续倒逼农村食品产业重塑升级与健康化发展，推进“三品一标”安全优质食品品牌

建设，保障食品供给质量安全；推动高新农业技术落地，激发农村食品经济活力，保障农业经理人及食品产业增收。二是保障农村食品消费安全，推进消费者合理维权。开展农村食品安全知识宣传科普活动，提升消费者对农村食品安全认知水平，拓宽农村消费者食品维权渠道，广泛建设农村食品安全风险投诉及维权服务站，鼓励消费者积极发现食品安全问题并合理维权，倒逼农村食品安全风险协同治理提质。三是注入绿色环保生产理念，带动改善农村人居环境。推进农村食品产业绿色可持续发展，加强对农业废弃物进行回收与资源化利用，开拓高科技、高质量、低污染的农业生产方式，保护农业生态环境与改善农村人居环境。

5.6 本章小结

基于 WSR 系统方法论视角，从多维度、多层次构建农村食品安全风险协同治理系统框架，分析农村食品安全风险协同治理主体、客体、过程和情境的系统结构。全面、深入地剖析农村食品全风险协同治理系统要素，立足我国农村食品安全风险情境揭示“物理”“事理”“人理”现状与问题。从过程复杂性、症结涌现性、方式适应性、资源分散性等方面归纳农村食品安全风险协同治理系统特征，提出治理法规完善全面、治理职能均衡协调、治理模式共享共治、治理措施开拓创新和治理效益整体最优等一系列农村食品安全风险协同治理系统运作策略。

6 农村食品安全风险协同治理环节与症结

6.1 研究背景

随着农业产业转型升级，农村消费水平不断提升，2018 年我国农村常住人口约 5.6 亿人，占全国总人口 40%以上；农村社会消费品零售总额达 55 350 亿元，居民生活得到极大改善。当前全面建成小康社会进入决胜期，解决好“三农”问题是全党工作重中之重。然而，我国农村食品安全风险仍然存在，诸如“康帅傅”“六大核桃”等农村“三无食品”及“山寨食品”，“亲嘴牛筋”“素烤鸡皮”等农村“五毛食品”，“土法红糖”“农家腌萝卜干”等农村“自制食品”等消费欺诈屡见不鲜，威胁农村居民人身安全。2019 年中央 1 号文件指出，实施农产品质量安全保障工程，促进农村食品安全战略有效实施，是增强农村食品安全治理能力，全面促进农村社会发展的重要保障之一。我国食品安全形势总体平稳向好，然而基层农村食品质量安全风险仍不容忽视，亟须把握我国农村食品安全现状与问题，探讨农村食品安全风险治理的实践路径。

6.2 文献述评

6.2.1 食品安全战略的提出

党的十八届五中全会通过的“十三五”规划建议率先提出“实施食品安全战略”，强调“形成严密高效、协同治理的食品安全治理体系，让人民群众吃得放心”。2017年，习近平总书记强调通过坚持“最严谨的标准、最严格的监管、最严厉的处罚、最严肃的问责，提高食品安全监管水平和能力”。2018年国务院印发的《乡村振兴战略规划（2018—2022年）》提出通过“完善农产品质量和食品安全标准”“建立农产品质量分级及产地准出”“完善农兽药残留限量标准体系”等多元措施推进食品安全战略。食品安全关系到人民身体健康和社会稳定（新华网，2016），农村作为食品生产源头，为食品安全战略实施提供物质基础，确保农村食品安全工作有效进行，对于保障我国食品安全战略实施具有重要作用。杨柳和邱力生（2014）聚焦农村食品安全风险协同治理微观因素研究发现，农户食品安全风险感知与食品安全心理显著地影响农户生活状态与心理行为。胡跃高（2019）认为良好的乡村农业基础对推进食品安全战略工程、解决国家食品安全问题具有重要作用。李明（2015）提出通过“严产、严管、严打、严责、严育”助力农村食品安全风险治理，推进农业基础稳固，农村和谐稳定，农民安居乐业，保障食品安全战略落实到农村。学者们分别从农村食品安全战略影响因素、战略地位及农村食品产业培育方式等角度探究农村食品安全风险治理问题。也有学者探究农业发展环境、生产要素、政策特征等对农村食品安全风险治理的支撑要素。吴群（2018）认为通过推进农业创新发展，落实规模化生产与新型经营模式，实现农业高质量发展与优质产品安全供给，可帮助营造农村食品安全风险治理良好环境。刘海洋（2018）提出聚焦农业基础设施建设，推进农村食品产业信息化，优化农村食品生产高端技术，提供农村食品安全风险治理基础要素。张晓山（2019）提出优化农业结构，调整制度特征，改革流通体系，为保障粮食安全供给、推进农村食品安全风险治理提供政策要素。由此，全面实现我国食品安全战略必须实施农村食品安全风险治理。

6.2.2 农村食品安全风险协同治理现状与问题

农村食品安全风险是指农村居民食用或使用食品后，可能出现影响身体健康或社会秩序稳定等不同程度的安全风险（宋世勇，2017）。倪楠（2013）指出，农村地区作为我国食品安全风险监管中最薄弱环节，亟须探究治理路径。王建华等（2016）研究发现，我国农村地区存在人口众多、经济条件相对落后、居民文化素质较低、食品消费方式迥异等特点，为农村食品安全风险监管带来困境。倪楠（2016）研究指出，我国农村食品产业涉及个体农户、家庭农场等食品生产者，无证作坊、小型工厂等食品加工者，路边摊贩、街头餐饮店等食品销售者，老人、儿童、孕妇等食品消费多元主体。农村食品安全风险具有诱发主体点多面广、安全事件种类繁杂、监管制度难以落实等特征，面临法规落实难、犯罪人口众、产业标准种类异等窘境。胡婧超和程景民强调加强农村食品安全风险宣传教育提升农村食品安全风险监管能力（胡婧超、程景民，2019）。李蛟（2018）提出通过完善农业监管立法、加强农村资源投入、保障农村信息公开、构建产销信用体系加强农村食品安全风险监管。但现有研究大多基于单一视角，未从宏观角度探究农村食品安全风险治理策略，由此，亟须探究农村食品安全风险协同治理，为推进食品安全战略在农村应用与实践提供理论基础。

6.2.3　农村食品安全风险协同治理

食品安全风险具有波及范围广、涉及人员众、信息隐蔽性强等复杂性及危机预警管理难、安全事件突发性强等特殊性（王铁龙等，2017），学者们提出食品安全风险协同治理理念化解食品安全风险的主张。食品安全风险协同治理理念强调推进“社会协同”与“公众参与”，引导社会各界主体发挥监管责任意识，共同保障食品安全（张明华等，2017）。刘飞和孙中伟（2015）探究食品安全风险协同治理“何以可能与何以可为”，提出国家、市场与社会之间的协调是食品安全风险协同治理的关键。谢康等（2015）提出通过震慑逐步形成社会共识，通过价值重构降低社会长期成本，形成社会震慑信号与价值重构互补的食品安全风险协同治理模式。王名等（2014）强调坚持法治原则、提升各级主体共治能力、研发共治技术实现多元主体共同治理。胡颖廉（2016）提出优化风险交流、贡献奖励、典型示范、科普教育、第三方参与等构建协同治理机制。学者们分别从协同治理的前提、运行过程及实现机制进行了探究，但专门研究农村食品安全风险协同治理的研究成果较为少见。可见，立足新时代食品安全战略，探究农村食品安全风险及其协同治理具有重要的现实意义。

6.3 农村食品安全风险协同治理关键环节

基于供应链视角，农村食品安全风险主要分布于源头环节、生产加工环节、流通环节及消费环节（吴林海等，2017）。剖析农村食品安全风险供应链分布和风险表征，对于识别农村食品安全风险协同治理的关键环节，提升农村食品安全风险协同治理能力具有重要作用。

6.3.1 农村食品安全风险源头环节

供应链源头环节是农村食品安全风险的起点，包括农产品种植、养殖涉及的农业资源环境及各类经营主体。农村食品安全源头环节风险表现为水资源短缺、农药残留及土壤重金属污染（Huamain 等，1999）。首先，农村地势复杂多样，传统工业快速发展导致农业用水大量占用，且水资源区域差异显著、农田节水灌溉面积占比较低、农业废水排放方式粗放，抗生素、地膜等过量使用引发农村地下水严重污染。可见，我国农村水资源总体供给不足，水源质量较低，为农村食品安全风险埋下隐患（杨骞、刘华军，2015）。其次，农户种植、养殖分散导致生产成本高、经济效益有限、农户逐利现象严重，而化肥、农药等投入品价格相对较低，产量提升快，农兽药、保鲜剂含量超标、养殖饲料添加违禁药物已成农村地区常态，高效肥与低残留农药推广难等使得农村食品安全风险更甚。最后，随着农业生产技术进步，汞、铅等有毒有害重金属与化学品在农作物、水产品中不断积累，影响农田植物生长发育、破坏渔业资源生态环境。此外，农村垃圾分类落实难、秸秆焚烧频率高、残膜回收流程繁复等现象加剧土壤重金属富集与扩散，对农村居民健康构成威胁，造成贫血、骨骼软化等疾病（李宏薇等，2018）。

6.3.2　农村食品安全风险生产加工环节

农村食品安全生产加工环节风险指农村农产品在原料购买、配方调试、存储包装的过程中，由于加工技术不成熟、卫生环境不达标及工作人员操作不规范等原因导致农产品残留有害物质，危害人体健康，包括生产流程不规范、加工环境不达标、人员素质有待提升等（王小明等，2019）。首先，农村食品生产加工主体规模小、流动性大、覆盖面广，个体摊贩、家庭作坊等食品经营主体普遍存在食品原料腐坏变质、食品生产加工环境微生物菌落超标、食品安全检验检测设备落后、食品无预包装和食品包装破损、食品标签缺失等严重问题。其次，农村地区工地食堂、农村学校食堂等食品销售消费场所的清洗保洁设施落后、防虫防鼠设备稀缺，小作坊及摊贩等加工环境狭小拥挤，生产间和成品间未单独隔开，因此，农产品食品交叉污染现象严重。最后，农村食品从业人员食品安全风险控制意识低、食品安全风险辨别能力弱、食品安全法规解读能力不足，食品清洗消毒、分级包装等环节操作不规范，使用过期原材料和有毒有害添加剂，制假冒假和以次充好等现象屡见不鲜。

6.3.3　农村食品安全风险流通环节

农村食品安全流通环节风险指农产品在时间或地域转换流通过程中可能遭到污染等引发风险（毛学峰等，2015），涵盖物流运输不便利、冷链基础不健全、准入制度不完善等原因（陈耀庭、黄和亮，2017）。农村地区现代化物流网点覆盖不足，冷链物流技术落后，农产品流通效率低，农产品物流信息传递慢。因此，农村食品流通周期长、腐烂破损率高，流通环节的食品安全风险高。究其原因，我国农村冷链物流建设资金匮乏，冷链物流人才稀缺，“大数据”“云计算”等现代物流技术下乡难，农村食品处理中心、冷藏保温车、恒温库和冷冻库等冷链基础设施建设陷入瓶颈。此外，农村食品市场准入机制不严密，大部分食品批发市场缺乏规范的食品检验检疫设施，食品经营主体在食品流通环节往往忽略食品厂家、生产期及保质期等食品安全重要信息，食品市场监督主体对食品经营许可证、食品质量检测报告、食品从业人员健康证等相关证件检查不严格，最终劣质食品向农产品市场倾销，进一步积聚了农村食品安全风险。

6.3.4 农村食品安全风险消费环节

农村食品安全消费环节风险指农村农产品在消费环节遭受外界污染或自身质量变质，导致产品残留有害成分或对人体健康造成严重危害，以信息传递不通畅、市场体制不健全、相关主体食品安全知识匮乏等尤为突出（张志勋，2017）。一方面，农村地区老人、家庭主妇和儿童等消费群体人口基数大，他们食品安全鉴别能力弱，大多数凭颜色、气味等特征判断食品质量，“廉价消费”观念根深蒂固，对食品品牌、食品标签、食品可追溯信息等反映食品安全的重要信号重视程度不高。另外，农村消费者维权意识淡薄、维权渠道不通畅、维权手续烦琐，使假冒伪劣食品、过期回炉食品大有销路。另一方面，农村地区小超市、小摊贩和小餐饮等食品经营主体食品安全知识匮乏，食品安全风险控制意愿低，食品进货渠道混乱，农村食品安全监管部门分散，监管人员少、监管任务重、监管成本高，对集贸市场、熟食加工点、流动小吃店等农村食品经营主体难以实行全面的、深入的管理，因而农村食品消费环节频繁出现道德缺失、质量安全控制能力不足等问题。

综上，农村食品安全风险涉及环节长、参与主体多，存在源头环节环境污染、生产加工环节明知故犯、流通环节监督失灵和消费环节食用不科学等弊端，必须进一步剖析农村食品安全风险协同治理主要症结。

6.4　农村食品安全风险协同治理主要症结

6.4.1　农村食品安全供给体系不规范

农村食品供给体系涵盖农产品供给过程、流通过程和消费过程（尚杰等，2017）。而农村食品市场供给体系不规范现象严重，部分企业为获取高额经济利益，售卖低价劣质食品。且农村消费者仅依靠价格、经验购买食品，无法辨别食品质量，引发优质食品无人问津、隐患食品过度供给等现象（马琳，2015）。一是供给过程不规范。农村市场供给主体数量大、规模小，在产地监测、施肥用药、分级包装等环节存在风险隐患，在市场供给过程存在生产许可证缺失、进货质量控制不严格等问题。二是流通过程不规范。农村食品通过街头商贩、社区集贸市场等规范性较差的渠道销售；农村交通不发达，电力设施落后引发冷链市场物流缺失；流通管理体系不健全导致食品包装、储后管理不善。三是消费过程不规范。农村地区消费产品种类庞杂，普遍含有白酒、饼干等散装食品及凉菜、炒货等裸卖食品，存在供货渠道不明、新旧食品混合售卖等安全隐患；大排档、农家乐、农村宴席等卫生环境差，生熟食品交叉污染、防蝇防尘设备缺乏，难以保障农产品食品安全供给安全。

6.4.2　农村食品安全物流支撑不发达

农村地区地域辽阔，物流分散性、差异性强，发展速度慢，物流支撑不发达（庄龙玉、张海涛，2018）。一是物流技术研发难。农村物流技术研发资金匮乏，物流基础设施相对滞后，农村物流网点多止步于乡镇，导致优质食品“下不去”，特色食品“上不来”，农村食品物流“最后一公里”面临瓶颈（张晓林，2019）。二是物流体系普及难。农村居民风险规避意识强、消费习惯保守，对无人机、区块链等新型物流体系难理解，对网络支付、货钱时空分离等新电商模式接受度低（柳思维，

2017)。三是物流模式实践难。农村地区经济发展、医疗水平较城市差距较大，物流人才引进难、物流管理专业性弱、物流服务意识差，现有物流包装材料保温性不足，物流通信设备稳定性差等导致优质物流模式难以实践（任晓聪、和军，2017）。

6.4.3 农村食品安全市场信息不对称

农村食品安全市场信息不对称指食品安全信息在农村种植者、养殖者等食品生产者，小作坊、小摊贩等食品经营者，老人、孕妇等食品消费主体间不对称分布（杜晓君等，2014）。可追溯系统通过识别、存储和验证相关数据，溯源产品生产流程与定位，降低农村食品安全风险（Resende - Filho、Hurley，2012）。农村食品市场具有明显的经验品和信任品特性，信息不对称主要体现如下：首先是食品标签信息不对称。农村市场食品标签残破不全、虚标生产日期、安全认证标志等现象严重，对于部分裸卖食品，监管人员既无法测定其营养信息，又无从追溯其制作流程。其次是品牌商标不规范。农村居民品牌意识淡薄，名优品牌、区域品牌认知度低，食品包装滥用标识、假冒文字图案现象频发，一旦发生食品安全事件，监管部门难以追责，消费者投诉无门、维权无果已成常态。最后是可追溯体系不完善。农村地区缺乏整合流通数据、商户信息、菜品信息等数字化信息平台，且其即产即销交易模式、经营主体购销台账记录不全，导致供货商营业执照缺失、索票索证难等问题（Marsden 等，2000），阻碍农村食品可追溯体系发展。

6.4.4 农村食品安全社会环境不发达

我国农村居民在学历水平、人均收入等方面较城市整体偏低（汪伟，2016），农村食品安全社会心理及文化环境较为复杂（余凤龙、黄震方，2017）。一是购买行为引致食品安全风险。价格是农村居民购买动机的首要影响因素，小卖部、集镇商店、农贸市场是农村居民购买商品主要场所（邓灿辉等，2019），“批量购买、家中囤积”是农村居民购买的重要特征。二是群体聚餐引致食品安全风险。聚餐原料来源渠道多、购买数量大，水源固定或稀缺、厨师队伍临时组建导致食品清洗用水反复利用、加工方式不科学，临时搭建聚餐场所离公共场所、养殖场所较近，引发蚊虫随处叮咬、食品露天存放等安全隐患（薛新宇，2015）。三是传播方式引致食品安全风险。农村地区电视、广播、报纸成为传播食品安全信息主要传播媒体，微信微博等新媒体难发挥作用。此外，农村居民文盲比例相对城市较高，口头传播流程，食品安全科普知识传播受制约。

6.4.5 农村食品安全监管体系不完善

农村食品安全监管面临风险隐匿性强、信息传递慢等窘境，政府法律法规不健全、行政监管效率低、执法力度不强（严宏等，2017）。农村地区政府自上而下监管体系和冗长监管链条导致监管效率低、监管成本高（吴晓东，2018）。首先，监管力量薄弱。农村食品安全监管人员数量少、老龄化严重，执法经费不足，流通摊贩分散广、联系方式不固定导致监管周期长、效率低、成本高。此外，街边小贩、村头小餐饮店主等由于经济收入不稳定，成为农村弱势群体，监管人员出于同情心不忍取缔，降低了执法威严。其次，监管范围集中。农村食品监管多集中在乡镇机关、集贸市场等交通便利区域，而食品经营者分布范围广，部分村落位于交通闭塞、地势复杂区域，导致偏远地带存在监管空白。最后，监管手段匮乏。农村食品安全监管人员知识结构不足、执法设备老化，仅凭眼观、手摸、鼻闻等方式，对于食品添加剂含量是否超标等问题无法科学取证。此外，农村食品检测方式落后、快检技术普及难、检验检测项目少、监测信息传递慢等问题突出，导致农村地区存在食品安全监管漏洞。

6.4.6 农村食品安全观念意识不成熟

农村地区食品安全观念意识尚未成熟，健康素养水平相对较低。健康素养是指个人获取、理解、处理基本的健康信息和服务，并利用这些信息和服务做出有利于提高和维护自身健康决策的能力（姚宏文等，2016）。教育水平是决定健康素养的重要因素（Martin 等，2009），农村地区文盲率高、健康素养培育方式不科学。一是健康知识匮乏。农村居民食品安全科普知识匮乏，食品安全知识获取渠道主要来源于村头宣传版、街边宣传册及家中长辈言传身教，官方权威信息较少。且由于理解能力有限，村民掌握新型食品处理方式、食品致癌物类别等前沿知识的难度高、主动性低。二是健康素养不足。农村居民传统消费习惯和文化观念根深蒂固，科学饮食、健康意识淡薄。且农村地区健康讲座举办频率低、效果差，村民食品信息筛选能力弱、健康信息的接受度低、应用能力不足。三是饮食习惯不科学。农村地区饮食结构单一，主食、蔬菜消费量较多，鱼肉蛋奶等高蛋白食物消费量少，劣质烟酒消费量大，部分居民贫血、营养不良现象严重。且村民“多多益善”饮食理念导致隔夜饭、隔夜菜充斥餐桌，为农村食品安全风险埋下隐患。

6.5 本章小结

开展农村食品安全风险协同治理，是推进平安乡村建设、全面促进农村社会发展的重要保障。基于源头环节、生产加工环节、流通环节及消费环节分析农村食品安全风险协同治理关键环节，从农村食品安全供应链内部供给体系不规范、物流支撑不发达、市场信息不对称，以及供应链外部社会环境不发达、监管体系不完善、观念意识不成熟等方面剖析农村食品安全风险协同治理主要症结。

7 农业经理人食品安全守法意愿

7.1 研究背景

近年来，我国农产品质量安全总体形势持续稳定向好，习近平总书记强调，要切实提高食品安全管理水平和能力，要加强食品安全依法治理。自 2006 年国家出台《中华人民共和国农产品质量安全法》以来，国务院相继制定了《关于加强农产品质量安全监管工作的通知》《食用农产品市场销售质量安全监督管理办法》等重要法规，覆盖了农药、兽药、饲料、水污染防治、固体废物防治、产地环境保护、标准化法等农产品质量安全关键控制点。供应链主体是农产品质量安全法律监管的主要对象，为保障农产品质量安全法律有效实施，必须提升农产品供应链主体守法意愿，加强质量安全控制能力（王艳萍，2018）。2019 年国家人力资源和社会保障部公布农业经理人为新增职业，将农业经理人定义为“在农民专业合作社等农业经济合作组织中，从事农业生产组织、设备作业、技术支持、产品加工与销售等管理服务的人员”。随着传统农业向现代农业的转变，农产品生产经营管理活动逐步走向专业化，农业经理人是懂技术、懂市场、懂法律的专业人员，在农民专业合作社中发挥稳定内部控制的重要职能（江元、田军华，2018）。提升农业经理人法律认知水平，增强农业经理人质量安全素养，促进农业经理人形成守法意愿，对于提升农产品质量安全法律法规监管效果、保障农产品供应链质量安全尤为重要。基于此，本章的主要内容为：第一，探索性地研究我国食品安全战略背景下农业经理人守法意愿，对新时代农业经理人践行农产品质量安全控制责任尤为重要；第二，将法律认知作为中介变量，研究农业经理人食品安全守法意愿形成的深层次规律，弥补了以往研究较少关注个体法律认知对质量安全守法意愿作用机制的不足；第三，将质量安全素养作为调节变量，揭示农业经理人质量安全素养在其质量安全守法意愿形成过程中扮演的角色，为提升农产品供应链质量安全控制主体守法意愿提供理论依据和决策参考。

7.2 文献回顾与理论基础

本研究对农业经理人食品安全守法意愿进行深层次探讨。首先，构建农业经理人食品安全守法意愿理论框架。Mehrabian 和 Russell（1974）认为外部环境刺激会使人产生心理反应从而对行为产生影响，刺激—机体—反应理论（Stimulus - Organic - Response）简称 SOR 理论，S（刺激）指政治、经济和社会环境等不受个体控制的客观因素能直接或间接对个体产生影响；O（机体）指受到刺激因素影响的个体心理活动；R（反应）指个体在刺激因素作用下产生心理活动而表现出行为意愿（Young，2016）。农业经理人食品安全守法意愿受到外部刺激和内部机体的综合作用，即农业经理人在政府监管、媒体宣传、行业服务和邻里效应等刺激下产生法律认知，并在质量安全素养影响下形成守法意愿。由此推测，SOR 理论适合解释农业经理人食品安全守法意愿形成机理。其次，农业经理人守法意愿受到规制环境的影响（赵向豪等，2018）。规制环境指经济活动中影响生产者决策行为的限制性的干预机制和秩序，涵盖政府、媒体、行业协会等相关主体参与（Hawkes，2004）。由此，政府监管、媒体宣传、行业服务和邻里效应等环境因素可能对农业经理人守法意愿产生影响。政府监管是政府以法律规章为依据，以实现特定公共政策目标为目标，综合运用多种方式对经济社会主体行为实施引导、干预和规范的行为（王俊豪，2021）；媒体宣传是使用文字或其他符号通过电视、报纸、网络等媒介对某问题或意见进行传播，使人们接受某种意见和特定行为的目的（Brosse 等，2015）；行业服务指由社会组织为成员提供专业培训、协调纠纷等，并制定行业规范标准，提供生产、经营和金融等辅助（徐旭初、吴彬，2018）；邻里效应指个体通过与周围主体的社会交往接受某些信息进而开始模仿、学习和逐步改变自己（戚迪明等，2016）。因此，本研究基于政府监管、媒体宣传、行业服务和邻里效应四因子，研究农业经理人食品安全守法意愿影响因素。再次，基于法律认知研究规制环境与农业经理人守法意愿因果关系间的中介因素。法律认知指社会主体对现行法律制度内容的把握程度，包括对法律文本的了解水平和灵活运用法律的能力。法律认知水平越高，越能促进农业经理人守法意愿。由此推测，法律认知可能在规制环境与农业经理人食品安全守法意愿间因果关系产生中介效应。最后，研究质量安全素养的调节作用。质量安全素养指与质量安全相关的意识、知识和技能（Amin，2002）。相对质量安全素养较低的农业经理人而言，质量安全素养较高的农业经理人对法律产生更全面的理解，更愿意遵守法律。由此推测，质量安全素养可能对规制环境与守法意愿间因果关系产生影响。基于此，本研究以政府监管、媒体宣传、行业服务和邻里效应为自变量，以法律认知为中介变量，以质量安全素养作为调节变量，以守法意愿作为结果变量，构建农业经理人食品安全守法意愿研究模型，通过问卷调查获取研究数据，运用结构方程模型进行实证检验。

7.3　理论分析与研究假设

7.3.1　规制环境对农业经理人食品安全守法意愿的影响

规制环境提供规定条例、指导方针、惯例守则，引导经营者进行生产性行为（Groenewegen 等，2002）。基于农业经理人食品安全守法意愿研究情境，严格的政府规制和监管方式使农业经理人规范生产经营行为，从而提高守法意愿（张蓓等，2020）；电视、广播、报刊、自媒体等报道，使农业经理人了解农产品质量安全法律法规、农产品质量安全事故等信息；专业培训使农业经理人更了解《中华人民共和国食品安全法》《中华人民共和国农产品质量安全法》等法律，更懂得如何遵守法律规定以规避农产品质量安全违法风险；相关群体的正面影响使农业经理人更可能遵守农产品质量安全相关法律。

政府作为农产品质量安全监管主体为保障农产品质量安全设置刚性约束，政府出台法律法规对农产品生产经营活动实施强制性规制，加大违法成本，促使生产经营者守法（王建华等，2016）。政府监管力度越大，对违反农产品质量安全行为惩处力度越大，农产品供应链主体质量控制意愿越强烈。所以，政府监管力度越大，农业经理人为规避法律风险，其遵守法律实施安全生产和销售行为意愿也越强烈。

传统媒体和社交媒体已成为农产品质量安全信息发布与传播、科普教育等重要渠道（Tiozzo 等，2019），媒体发挥着重要的农产品质量安全风险交流与舆论引导作用，已成为当前农产品质量安全风险协同治理的重要力量（Zhao 等，2020）。传统媒体和社交媒体对农产品质量安全法律法规和案例宣传越及时客观，农业经理人获取农产品质量安全相关法律知识越充足准确，其产生遵守法律实施安全生产和销售农产品的行为意愿越强烈。

在农产品质量安全从政府单一监管向多方主体参与转变过程中，行业协会作为农产品质量安全风险协同治理的重要主体，在政府与农业市场经营主体间发挥着桥梁作用，对其成员提供协调和监督服务。行业协会向农业经理人提供农产品质量安全科普宣传、技能培训和法律法规解读（Sheng 等，2018），行业协会提供服务范围越广、传授知识内容越丰富，农业经理人对农产品质量安全相关法律法规越了解，其遵守法律实施安全生产和销售农产品的行为意愿也越强烈。

邻里效应指个体通过与周围主体的社会交往，接受信息进而模仿、学习和改变自身行为（戚迪明等，2016）。农业经理人食品安全守法意愿受供应链上下游合作主体、市场竞争者等相关群体的影响，邻里群体对农产品品质量安全法律认知与守法行为对农业经理人有正向激励作用（姚瑞卿、姜太碧，2015）。邻近同行的示范作用越明显，农业经理人从他们那里学习到的农产品质量安全法律知识与实施技能越多，其严格遵守农产品质量安全法律法规的意愿越强烈。

总之，规制环境中政府监管、媒体宣传、行业服务和邻里效应可能对农业经理人食品安全守法意愿产生影响。由此，本章提出以下假设：

H_1：规制环境对守法意愿具有显著正向影响。

7.3.2 规制环境对农业经理人质量安全法律认知的影响

法律认知是个体对法律知识、法律程序和法律现象等信息接收、理解和记忆的过程，进而形成法律信息的认识状态（Sunstein，1996）。农业经理人法律认知受法律规范本身、社会文化环境和个体文化水平等因素影响。规制环境下通过国家机构执行强制性规章制度，构建有效的社会规范和价值观念。政府监管通过规范农业经理人生产经营行为，使农业经理人对农产品质量安全违法行为及相应的违法成本等产生科学认知；传统媒体和社交媒体通过公开宣传法律动态和及时报道农产品质量安全守法案例新闻等，使农业经理人法律认知水平得到提高（Zhu 等，2019）；行业协会提供专业培训等服务，组织农业经理人集中学习农产品质量安全政策法规并熟悉行业规范，提升其法律适用能力；邻近同行间通过传授经验、模仿示范等使农业经理人对法律禁止行为更加了解，增强农业经理人法律认同感，提升其法律素养。由此，本章提出以下假设：

H_2：规制环境对法律认知具有显著正向影响。

7.3.3 法律认知对农业经理人食品安全守法意愿的影响

法律认知是农业经理人了解法律内容和法律实施情况的过程，是规避农产品质量安全违法风险的有效途径，法律认知对农业经理人是否遵守法律规定实施安全生产具有显著正向影响。提高农业经理人法律认知能促使其自觉遵守农产品质量安全法律法规。所以，农业经理人法律认知越充分，其遵守法律实施农产品质量安全生产和销售行为的意愿越强烈。由此，本章提出以下假设：

H_3：法律认知对守法意愿具有显著正向影响。

7.3.4 法律认知的中介作用

农业经理人在政府监管、媒体宣传、行业服务和邻里效应综合刺激下，不断提升农产品质量安全法律认知，经过一系列认知反应过程进而产生顺应法律规范和行为准则的动机，最终形成遵守农产品质量安全法律法规的行为意愿。规制环境限制市场行为，纠正和规范农业经理人的法律认知。当农业经理人法律认知缺失，在规制环境下则无法形成对其权益的合理认知（陈晓燕、董江爱，2019）。严格的政府监管、有效的媒体宣传、丰富的行业服务和邻里效应，一定程度上加强了农业经理人法律认知对守法意愿的正向影响。当农业经理人认为规制环境与农产品质量安全及自身利益密切相关时，为规避法律风险而积极接受规制环境传递的法律信息，主动学习法律知识促进守法意愿形成。由此，本章提出以下假设：

H_4：法律认知在规制环境与守法意愿间关系有中介作用。

7.3.5 质量安全素养的调节效应

农业经理人食品安全守法意愿既受法律法规、媒体监督等规制环境因素约束，也受认知能力等个体特征因素影响，更与农业经理人自身质量安全素养水平密切联系（Rosas 等，2020）。规制环境在社会活动领域提供一种标准化的控制和指引，使多方主体最优化发挥治理效力。首先，相对于较低水平质量安全素养而言，在农业经理人质量安全素养较高水平情境下，政府监管程度越高，农业经理人越能提高法律适应能力和守法意愿，即政府监管对守法意愿的正向作用越显著。其次，相对于较低水平质量安全素养而言，在农业经理人质量安全素养较高水平情境下，媒体宣传越充足越准确，农业经理人获得规避法律风险途径越多，媒体宣传对守法意愿的正向作用越显著。再次，相对于较低水平质量安全素养而言，在农业经理人质量安全素养较高水平情境下，行业服务越到位，农业经理人越能有针对性地掌握质量安全有关的法律应用技能降低守法成本，即行业服务对守法意愿的作用越显著；最后，相对于较低水平质量安全素养而言，在农业经理人质量安全素养较高水平情境下，农业经理人越能接受邻里同行先进理念和做法，即邻里效应对守法意愿的正向作用越显著。由此，本章提出以下假设：

H_5：质量安全素养在规制环境与守法意愿关系有调节作用。

本研究基于SOR理论认为规制环境对农业经理人食品安全守法意愿的形成有重要影响，在文献回顾和理论分析基础上提出假设，分析政府监管、媒体宣传、行业服务和邻里效应对守法意愿的影响，以及法律认知的中介作用及质量安全素养的调节效应。本研究在研究假设基础上，提出以下概念模型（图7-1）。

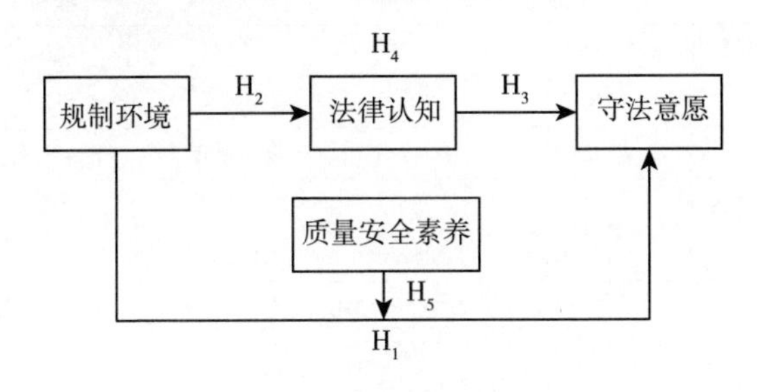

图7-1　研究模型

7.4　研究设计

7.4.1　调研对象

本研究调查问卷得到广东省农业农村厅、广东省农业科学研究院等政府与科研机构支持，对广东省广州市、佛山市、清远市、阳江市、河源市和云浮市等地农业经理人发放调查问卷，于2020年9月至10月通过QQ、微信等社交平台发送并回收问卷。共发放问卷405份，回收问卷405份，剔除21份不合格问卷，得到有效问卷384份，问卷有效回收率为94.8%。样本特征见表7-1。男性被访者占69.3%；年龄在30至49岁的被访者占72.7%；高中及以上学历的被访者占86.5%；4年以上生产经营年限的被访者占66.9%。可见，大部分被访者能够较好地对问卷内容进行理解，并对自己所从事的农产品生产经营活动充分了解，因此本研究调查样本较为理想。

表7-1 样本特征统计（$N=384$）

性别		男			女			
	样本数	266			118			
	比例（%）	69.3			30.7			
年龄（岁）		20岁以下	20～29岁	30～39岁	40～49岁	50～59岁	60岁以上	
	样本数	0	40	128	151	55	10	
	比例（%）	0	10.4	33.4	39.3	14.3	2.6	
文化程度		初中或以下	高中或中专	大专	本科	研究生及以上		
	样本数	52	144	114	69	5		
	比例（%）	13.5	37.5	29.7	18	1.3		
生产经营年限		1年及以下	1～3年	4～6年	7～10年	10年以上		
	样本数	43	84	110	65	82		
	比例（%）	11.2	21.9	28.6	16.9	21.4		
年收入		5万元以下	5万～10万元	11万～15万元	16万～20万元	20万元以上		
	样本数	105	107	52	31	89		
	比例（%）	27.3	27.9	13.5	8.1	23.2		
生产经营农产品种类		粮食	经济作物	水果	蔬菜	家禽及蛋	畜产品	其他
	样本数	130	65	116	64	123	64	6
	比例（%）	33.9	16.9	30.2	16.7	32.0	16.7	1.6
生产经营角色		组织生产	设备作业	技术支持	产品加工	销售	其他	
	样本数	204	30	96	85	192	102	
	比例（%）	53.1	7.8	25.0	22.1	50.0	26.6	
是否发生食品安全事件		是			否			
	样本数	17			367			
	比例（%）	4.4			95.6			
地区		河源	清远	广州	惠州	梅州	其他	
	样本数	282	9	23	5	10	55	
	比例（%）	73.5	2.3	6.0	1.3	2.6	14.3	

7.4.2 研究工具

本研究采用问卷调查法进行样本采集。问卷由两部分组成，第一部分是研究内容说明，及对政府监管、媒体宣传、行业服务、邻里效应、法律认知、质量安全素养和守法意愿的测度；第二部分是被调查对象的人口统计特征，包括性别、年龄和文化程度等。问卷设计的变量及测度项选择均来源于国内外成熟量表，根据农业经理人研究背景具体修改问卷题项形成初始量表，经过问卷前测并根据反馈意见完善初始量表，最终形成了包含政府监管、媒体宣传、行业服务、邻里效应、法律认知、质量安全素养和守法意愿 7 个变量 25 个测度项的调查问卷（表 7－2）。问卷采用李克特（Likert）五点评分量表，所有变量测度项按“非常不同意”“不同意”“中立”“同意”和“非常同意”分别赋值为“1”分到“5”分。

问卷设计测度项分别参考以下权威文献：政府监管测度项借鉴了 Wang 等（2018）的研究；媒体宣传测度项借鉴了刘永胜和李晴（2019）和张蓓等（2014）的研究；行业服务测度项借鉴了 Huang、Liu（2014）的研究；邻里效应测度项借鉴了 Abadi（2018）的研究；质量安全素养测量项借鉴了 Rhea 等（2020）和 Suthakorn 等（2020）的研究；法律认知测度项借鉴了 Chen 等（2020）的研究；守法意愿测量项借鉴了吕丹和张俊飚（2020）和徐姝等（2019）的研究。

7.5 实证分析

7.5.1 信效度检验

信度分析。本研究运用 SPSS24.0 进行克朗巴赫系数（Cronbach′s alpha）分别检验各变量的内部一致性。克朗巴赫系数大于 0.7 可认为各测度项间的内部一致性程度良好，各研究变量的克朗巴赫系数最低

0.855，最高0.942，皆大于0.7，由此认为本研究变量具有较高的信度（表7-2）。

效度分析。在内容效度方面，借鉴国内外成熟量表，并通过专家审阅、预调研及反复修改，形成内容效度较为良好的问卷。因此，本研究量表并非自主开发，无须再进行主成分分析。在结构效度方面，对本研究量表进行因子分析，得出各题项所在因子的因子载荷系数。运用平均方差提取值（AVE）和组合信度（*CR*）对政府监管、媒体宣传、行业服务、邻里效应、法律认知、质量安全素养和守法意愿构念进行收敛效度和判别效度检验（表7-2）。各构念AVE值最小0.626，最大0.759，皆通过临界值0.6；*CR*值最小0.884，最大0.926，皆通过临界值0.7，由此收敛效度较高。各变量AVE值平方根（表7-3）均大于相应相关系数，各变量测度项判别效度较高。以上检验结果表示各变量测度项具有良好的信度和效度。

表7-2　变量测度项及信度效度检验

潜变量	测度项	平均值/标准差	标准载荷	信度	*CR*	AVE	文献来源
政府监管（*GR*）	GR_1 政府建立严格的质量安全法律体系	4.59/0.61	0.831	0.904	0.905	0.704	Wang等（2018）
	GR_2 政府高度重视质量安全守法监督管理	4.56/0.60	0.879				
	GR_3 政府严厉惩戒质量安全违法行为	4.56/0.64	0.777				
	GR_4 政府建立完备的质量安全信用档案	4.54/0.65	0.866				
媒体宣传（*MP*）	MP_1 媒体开展农产品质量安全法规宣传	4.48/0.69	0.891	0.942	0.923	0.750	刘永胜、李晴（2019）；张蓓等（2014）
	MP_2 媒体关注农产品质量安全守法事例	4.47/0.66	0.834				
	MP_3 媒体报道农产品质量安全守法事例	4.45/0.72	0.926				
	MP_4 媒体倡导农产品质量安全守法观念	4.51/0.68	0.809				

（续）

潜变量	测度项	平均值/标准差	标准载荷	信度	*CR*	AVE	文献来源
行业服务（*IS*）	IS_1 行业协会制定农产品质量安全守法行规	4.48/0.67	0.855	0.884	0.884	0.717	Huang (2014)
	IS_2 行业协会开展质量安全法律宣传与培训	4.54/0.65	0.858				
	IS_3 行业协会通报质量安全事件与法律修改	4.44/0.71	0.828				
邻里效应（*NE*）	NE_1 我向同行等学习遵守质量安全法律法规	4.38/0.70	0.871	0.896	0.898	0.746	Abadi (2018)
	NE_2 我与同行等讨论质量安全法规相关内容	4.39/0.68	0.895				
	NE_3 同行等鼓励我遵守农产品质量安全法律	4.39/0.73	0.825				
法律认知（*LC*）	LC_1 我认为《农产品质量安全法》等很重要	4.66/0.59	0.545	0.855	0.865	0.626	Chen 等 (2020)
	LC_2 我熟悉《农产品质量安全法》等内容	4.32/0/80	0.706				
	LC_3 我认为遵守质量安全法规可免行政处罚	4.28/0.92	0.921				
	LC_4 我认为遵守质量安全法规可免刑事责任	4.30/0.92	0.929				
质量安全素养（*SL*）	SL_1 我清楚农产品质量安全风险伤害性	4.50/0.63	0.875	0.924	0.926	0.759	Rhea 等 (2020)；Suthakorn 等（2020）
	SL_2 我认为农产品质量安全风险可预控	4.49/0.67	0.843				
	SL_3 我积极实施农产品质量安全相关规定	4.48/0.62	0.923				
	SL_4 我核实农产品质量安全信息可靠性	4.48/0.67	0.843				
守法意愿（*RO*）	RO_1 我愿意遵守农产品质量安全法律法规	4.59/0.61	0.929	0.875	0.889	0.730	吕丹和张俊飚 (2020)；徐姝等 (2019)
	RO_2 我计划遵守农产品质量安全法律法规	4.49/0.73	0.735				
	RO_3 我说服合作者遵守质量安全法律法规	4.55/0.63	0.887				

7.5.2 同源误差检验

本研究运用 SPSS 24.0 对样本进行共同方法偏差检验。运用主成分分析及最大方差旋转法进行因子分析，将 7 个变量测度项合并至一个变量。首先，KMO Test 输出结果为 0.952，大于临界值 0.7，意味着变量间相关性强，Bartlett's Test 输出结果为 9 649.685，df 值为 300，sig 值为 0.000，符合因子分析要求。其次，基于 Harman 单因子检验，最大解释因子解释了总变异的 30.939%，小于 40%，未出现题项与因子关系严重偏差情况，累积方差解释率为 71.582，超过 60%，表示问卷拟合度和解释能力较强。另外，运用 AMOS 25.0 得出各变量测度项标准载荷（表 7－2），因子载荷系数皆大于标准值 0.5，处于 0.545～0.929 间，表明各变量在结构上具有稳定性。

7.5.3 相关分析

本研究对政府监管、媒体宣传、行业服务、邻里效应、质量安全素养、法律认知和守法意愿 7 个变量进行集中编码并计算其均值、标准差及相关系数（表 7－3）。政府监管与法律认知（$r=0.618$，$p<0.01$）、媒体宣传与法律认知（$r=0.645$，$p<0.01$）、行业服务与法律认知（$r=0.704$，$p<0.01$）、邻里效应与法律认知（$r=0.649$，$p<0.01$）显著正相关。政府监管与守法意愿（$r=0.623$，$p<0.01$）、媒体宣传与守法意愿（$r=0.595$，$p<0.01$）、行业服务与守法意愿（$r=0.660$，$p<0.01$）、邻里效应与守法意愿（$r=0.651$，$p<0.01$）显著正相关。最后，法律认知与守法意愿（$r=0.689$，$p<0.01$）显著正相关，与理论模型预期假设一致。

7.5.4 直接效应检验

本研究运用 AMOS 25.0 对样本进行直接效应分析，探索政府监管、媒体宣传、行业服务、邻里效应和法律认知与守法意愿以及其他路

表 7-3 均值、标准差与相关系数

变量	M	SD	1	2	3	4	5	6	7	8	9	10
Gender	1.310	0.462	1									
Age	3.650	0.938	−0.115*	1								
Education	2.560	0.978	−0.041	−0.366**	1							
GR	4.563	0.553	−0.122*	0.038	0.055	0.839						
MP	4.476	0.637	−0.093	0.028	0.054	0.831**	0.866					
IS	4.486	0.613	−0.081	−0.030	0.066	0.760**	0.807**	0.846				
NE	4.386	0.642	−0.075	−0.001	0.070	0.675**	0.679**	0.762**	0.863			
SL	4.448	0.595	−0.105*	0.000	0.104*	0.640**	0.660**	0.766**	0.771**	0.871		
LC	4.389	0.684	−0.078	0.066	0.071	0.618**	0.645**	0.704**	0.649**	0.780**	0.791	
RO	4.542	0.591	−0.048	−0.048	0.161**	0.623**	0.595**	0.660**	0.651**	0.765**	0.689**	0.854

注：对角线为各潜变量的 AVE 平方根值；*表示 $p<0.05$；**表示 $p<0.01$（双尾检验）；$N=384$。

径上的直接效应机制。采用 Bootstrapping 抽样 5 000 次，得到各变量间关系的路径系数及显著性结果（表 7-4）。

表 7-4　模型路径系数的显著性检验

模型	研究假设	标准化系数	t	显著水平	检验结果
模型 1	政府监管对守法意愿有正向影响	0.439	3.314	***	成立
模型 2	媒体宣传对守法意愿有正向影响	−0.236	−1.922	*	不成立
模型 3	行业服务对守法意愿有正向影响	0.354	2.206	**	成立
模型 4	邻里效应对守法意愿有正向影响	0.168	1.930	*	成立
模型 5	政府监管对法律认知有正向影响	−0.025	−0.293	ns	不成立
模型 6	媒体宣传对法律认知有正向影响	0.040	0.517	ns	不成立
模型 7	行业服务对法律认知有正向影响	0.291	2.842	***	成立
模型 8	邻里效应对法律认知有正向影响	0.079	1.408	ns	不成立
模型 9	法律认知对守法意愿有正向影响	0.344	3.412	***	成立

注：守法意愿的 $R^2=0.571$；Bootstrapping 抽样 5 000 次，检验类型为双尾检验，***、**、* 分别表示在 $p<0.01$、$p<0.05$、$p<0.1$ 的水平下显著，ns 表示不显著。

政府监管、媒体宣传、行业服务和邻里效应对守法意愿全部发挥作用。政府监管与守法意愿间路径系数与显著性水平分别为 0.439 和 $p<0.01$，这说明政府监管对守法意愿显著；媒体宣传与守法意愿间路径系数与显著性水平分别为−0.236 和 $p<0.1$，说明媒体宣传对守法意愿显著，但作用方向为负向；行业服务与守法意愿间路径系数与显著性水平分别为 0.354 和 $p<0.05$，说明行业服务对守法意愿显著；邻里效应与守法意愿间路径系数与显著性水平分别为 0.168 和 $p<0.1$，说明邻里效应对守法意愿显著。由此，假设 H_1 部分成立。

政府监管、媒体宣传、行业服务和邻里效应对法律认知部分发挥作用。政府监管与法律认知间路径系数与显著性水平分别为−0.025 和 $p>0.1$，这说明政府监管对法律认知作用不显著；媒体宣传与法律认知间路径系数与显著性水平分别为 0.040 和 $p>0.1$，说明媒体宣传对法律认知作用不显著；行业服务与法律认知间路径系数与显著性水平分别为 0.291 和 $p<0.01$，说明行业服务对法律认知完全显著；邻里效应

与法律认知间路径系数与显著性水平分别为 0.079 和 $p>0.1$，说明邻里效应对法律认知不显著。由此，假设 H_2 部分成立。

法律认知对守法意愿完全发挥作用。法律认知与守法意愿间路径系数与显著性水平分别为 0.344 和 $p<0.01$，说明法律认知对守法意愿完全显著，即 H_3 成立。

最后，守法意愿作为内生变量的 R^2 值为 0.571，说明该模型具有较好的解释力度。

7.5.5 中介效应检验

首先，本研究运用 SPSS24.0 逐步回归法验证法律认知在规制环境与守法意愿间的中介效应。结果表明法律认知在规制环境与守法意愿间全部起部分中介作用，如表 7-5 所示。基于步骤一和步骤二的检验成立，由步骤三中解释变量（政府监管、媒体宣传、行业服务、邻里效应）、中介变量（法律认知）与被解释变量（守法意愿）的回归分析可知，政府监管 β 值为 0.319，对应的法律认知 β 值为 0.492，显著性水平均为 $p<0.01$；媒体宣传 β 值为 0.257，对应的法律认知 β 值为 0.523，显著性水平均为 $p<0.01$；行业服务 β 值为 0.346，对应的法律认知 β 值为 0.445，显著性水平均为 $p<0.01$；邻里效应 β 值为 0.353，对应的法律认知 β 值为 0.460，显著性水平均为 $p<0.01$；因此，法律认知在规制环境四因子对守法意愿关系间均起到部分中介效应，表明规制环境部分通过法律认知对守法意愿产生作用。因此，本研究假设 H_4 成立。

表 7-5 法律认知在规制环境与守法意愿间因果关系的中介效应

步骤	解释变量	被解释变量	β
	自变量	因变量	$\beta 1-1$，$\beta 1-2$，$\beta 1-3$，$\beta 1-4$
步骤一	政府监管	守法意愿	0.623^{***}
	媒体宣传		0.595^{***}
	行业服务		0.660^{***}
	邻里效应		0.651^{***}

（续）

步骤	解释变量	被解释变量	β
步骤二	自变量	中介变量	β2－1，β2－2，β2－3，β2－4
	政府监管	法律认知	0.618***
	媒体宣传		0.645***
	行业服务		0.704***
	邻里效应		0.649***
步骤三	自变量	因变量	β3－1，β3－2，β3－3，β3－4
	政府监管	守法意愿	0.319***
	媒体宣传		0.257***
	行业服务		0.346***
	邻里效应		0.353***
	中介变量		β4
	法律认知		0.492***
			0.523***
			0.445***
			0.460***

注：* 表示 $p<0.1$，** 表示 $p<0.05$，*** 表示 $p<0.01$。

为进一步检验法律认知的中介作用，本研究基于 Hayes（2012）条件过程分析（Conditional Process Analysis）采用 SPSS 宏的 Model4（简单中介检验）进行 Bootstrap 检验，对总效应、直接效应和中介效应分解，结果如表 7－6 所示，表中 Bootstrap95％置信区间上下限都不包括 0 表示显著。政府监管的中介效应的效应值为 0.328，效应占比为 48.95％；媒体宣传的中介效应的效应值为 0.316，效应占比为 57.12％；行业服务的中介效应的效应值为 0.311，效应占比为 48.91％；邻里效应的中介效应的效应值为 0.279，效应占比为 46.63％，表明政府监管、媒体宣传、行业服务和邻里效应不仅能够直接影响守法意愿，而且通过法律认知的中介作用影响守法意愿，再次验证表 7－5 结论。

表 7-6 总效应、直接效应及法律认知的中介效应分解表

项目	效应值	Boot 标准误	Boot CI 上限	Boot CI 下限	效应占比 （%）
总效应	0.671	0.076	0.519	0.815	—
直接效应	0.342	0.075	0.200	0.489	51.05
政府监管的中介效应	0.328	0.062	0.214	0.456	48.95
总效应	0.553	0.07	0.416	0.682	—
直接效应	0.237	0.071	0.100	0.378	42.88
媒体宣传的中介效应	0.316	0.059	0.211	0.440	57.12
总效应	0.636	0.070	0.490	0.760	—
直接效应	0.325	0.080	0.169	0.481	51.10
行业服务的中介效应	0.311	0.051	0.212	0.414	48.90
总效应	0.599	0.060	0.475	0.707	—
直接效应	0.320	0.063	0.190	0.439	53.37
邻里效应的中介效应	0.279	0.050	0.186	0.380	46.63

注：Boot CI 为 Bootstrap95%的置信区间。

7.5.6 调节效应检验

本研究在中介效应的基础上，基于 Hayes（2 012）的条件过程分析（Conditional Process Analysis）采用了 SPSS 宏的 Model59 及 Model5（与本研究假设一致）进行调节模型检验，如表 7-7 所示，得出质量安全素养分别在媒体宣传与守法意愿、行业服务与守法意愿之间发挥调节作用。在控制性别、年龄和文化程度下，分析结果如表 7-7 所示，媒体宣传和质量安全素养的交互项显著（coeff=−0.117，$p<0.05$），即质量安全素养在媒体宣传与守法意愿之间起负向调节作用。同理，分析结果如表 7-7 所示，行业服务和质量安全素养的交互作用显著（coeff=−0.116，$p<0.1$），即质量安全素养在行业服务与守法意愿之间起负向调节作用。

表 7-7　调节效应检验（质量安全素养在媒体宣传、行业服务与守法意愿间的调节）

Independent Variable	媒体宣传				行业服务		
	coeff	se	t		coeff	se	t
Constant	4.567	0.020	229.290***	Constant	4.560	0.020	226.719***
媒体宣传	0.062	0.045	1.386	行业服务	0.077	0.053	1.467
质量安全素养	0.500	0.055	9.103***	质量安全素养	0.481	0.058	8.216***
法律认知	0.180	0.047	3.850***	法律认知	0.184	0.047	3.909***
媒体宣传×质量安全素养	−0.117	0.048	2.445**	行业服务×质量安全素养	−0.116	0.067	−1.707*
法律认知×质量安全素养	0.015	0.042	0.358	法律认知×质量安全素养	0.046	0.068	0.668
R^2		0.629				0.623	
F		128.325				125.430	

注：* 表示 $p<0.1$，** 表示 $p<0.05$，*** 表示 $p<0.01$。

进一步进行简单斜率分析（图7-2和图7-3），质量安全素养低分组（M-SD），媒体宣传对守法意愿具有正向作用（$effect=0.132$，$t=3.191$，$p<0.01$），相反，质量安全素养高分组（M+SD），媒体宣传对守法意愿具有负向作用（$effect=-0.002$，$t=-0.036$，$p>0.1$），没有显著影响。由此证明，质量安全素养低分组与高分组对于媒体宣传与守法意愿的关系产生不同效应，在低分组的效应强度更大，具有负向调节作用，表明在质量安全素养调节下，媒体宣传对守法意愿的正向作用在质量安全素养较低的农业经理人分组下更显著，即质量安全素养水平较低的农业经理人在媒体宣传强度越大的情况下守法意愿越强。同理，如图7-3所示，质量安全素养低分组（M-SD），行业服务对守法意愿具有正向作用（$effect=0.146$，$t=2.724$，$p<0.01$），相反，质量安全素养高分组（M+SD），行业服务对守法意愿具有负向作用（$effect=-0.014$，$t=0.181$，$p>0.1$），没有显著影响。由此证明，质量安全素养低分组与高分组对于行业服务与守法意愿的关系产生不同效应，在低分组的效应强度更大，具有负向调节作用，表明在质量安全素养调节下，行业服务对守法意愿的正向作用在质量安全素养较低的农业经理人分组下更显著，即质量安全素养水平较低的农业经理人在行业服务水平越高的情况下守法意愿越强。

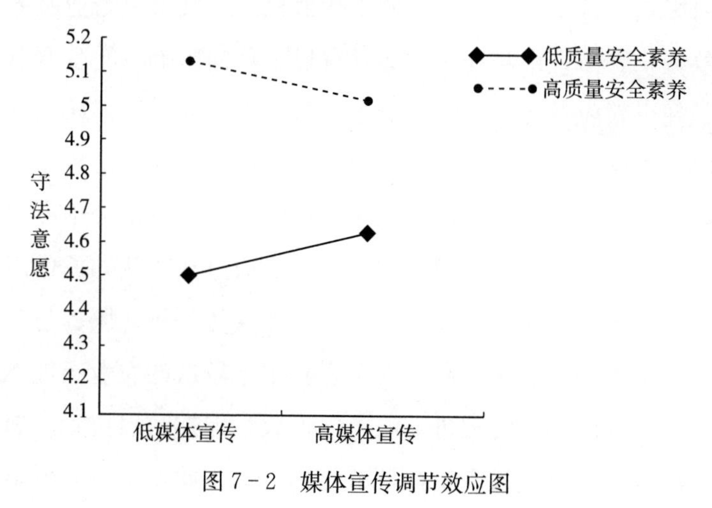

图7-2 媒体宣传调节效应图

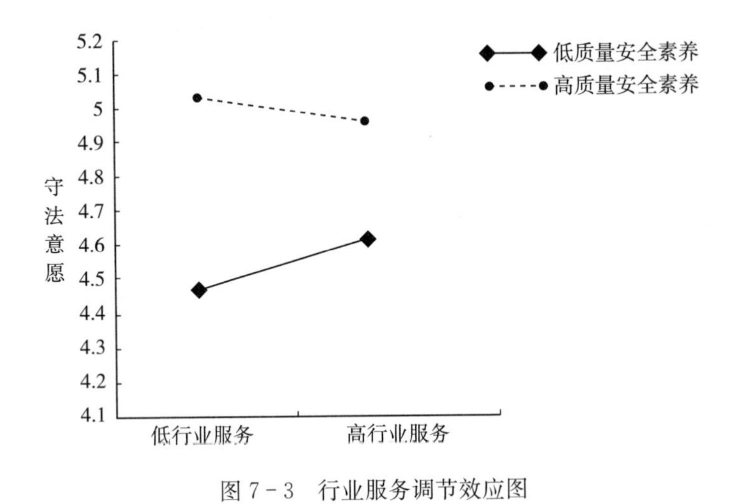

图 7-3 行业服务调节效应图

7.6 研究结论与管理启示

本研究探讨农业经理人食品安全守法意愿影响因素，包括前因变量政府监管、媒体宣传、行业服务和邻里效应，中介变量法律认知，以及调节变量质量安全素养，通过问卷调查获取 384 个有效样本。实证研究发现：①规制环境中，政府监管、行业服务和邻里效应对守法意愿均有显著正向影响，其中政府监管正向影响最显著，其次是行业服务，再次是邻里效应，媒体宣传对守法意愿具有显著负向影响；②政府监管、媒体宣传、邻里效应对法律认知影响不显著，不会促进法律认知形成，行业服务对法律认知具有正向显著影响；③法律认知对守法意愿有显著正向影响，法律认知在规制环境与守法意愿间关系均有部分中介效应，即政府监管、媒体宣传、行业服务和邻里效应通过法律认知的作用促成或直接促成守法意愿；④质量安全素养在媒体宣传、行业服务与守法意愿间有负向调节作用，即对于质量安全素养水平较低的农业经理人，媒体宣传和行业服务的刺激将促进守法意愿形成，但在政府监管、邻里效应与守法意愿因果关系间没有发挥调节作用。基于此，本研究得出管理启示如下：

第一，实施农业经理人激励约束，提升农产品质量安全风险协同治理效果。一方面，以新一轮机构改革为契机，打造农产品执法部门与村居委会联盟统一战线，把农产品质量安全作为街镇的年度考核指标，推广第三方检测机构参与农产品质量安全综合执法，把第三方检测机构作为活动的执法仪，加强农产品质量安全风险协同治理力度，约束农业经理人质量安全控制行为；另一方面，政府部门要对农业经理人进行精准职业角色定位，加大对农业经理人的扶持力度，如对被评定为相应级别等级的农业经理人采取个人纳税减免、培训补贴，对农产品批发市场、农贸市场及农业企业给予房产税和城镇土地使用税优惠、对农业优势特色产业给予财政补助、小额快速免息贷款和贷款贴息等，促进农业经理人形成守法意识。

第二，加强农业经理人行业自律，开展农产品质量安全专业培训。首先，从法律和制度上促进农产品行业协会的法治化运行，如细化行业组织规则，对农产品行业协会设置禁止性、限制性规定，禁止打压非会员同行、禁止结盟抬价等；其次对农产品行业协会放宽政策，提升农产品行业协会的活力，增强行业协会的独立性、自治性，加强农业经理人行业自律，如鼓励行业协会发展农业经理人成为成员；支持行业协会为农业经理人提供调解、纠违规行为等服务，并在仲裁和诉讼中以裁决或判决、裁定的形式承认行业协会的协调结果；最后，要与行业协会联合开展专业培训，依据2021年广东省制定的中央农业生产发展专项，增加农业经理人培育项目的次数和规模，丰富培训形式，根据农业经理人的角色因材施教，如针对生产技术型的农业经理人进行基地实验培训、针对管理销售型的农业经理人进行市场模拟培训、针对加工操作型的农业经理人进行现场练兵培训。

第三，促进农业经理人同行交流合作，创建农产品质量安全信息平台。发挥同行的积极带动作用和榜样力量，促进跨区域同行交流，如由政府和行业组织牵头创建的农产品质量安全信息共享及沟通平台，及时发布更新政策、法律和市场信息，通报农产品安全伤害违法案例，将各链条上的各类农业经理人用最便捷的方式紧密联系起来促进同行合作，发挥纳税人购进农业生产者销售自产的免税农业产品可以抵扣进项税额等政策优惠实效，创办年度官方论坛、举办现场交流会、组织异地培训等，让农业经理人分享质量安全控制经验，降低成本，扩宽销路，并带动同行转型升级，为市场提供高质量安全的农产品。

第四，提升农业经理人媒体素养，推进农产品质量安全公共宣传。可以充分发挥新闻媒体和社交媒体对农产品质量安全的宣传引导作用，如借助权威新闻媒体积极报道农产品质量安全守法典型范例、农业经理人质量安全守法事迹和经验，传递农业经理人守法榜样的正能量；又如，对微信、微博等社交自媒体上的农产品质量安全事例负面信息进行正面回应，让农业经理人学会主动过滤网络媒体上消极信息传递的负能量，提高农产品质量安全事件谣言甄别能力，提升其媒体素养以克服消极情绪，促进其形成守法意识。

第五，着力加强农业经理人素养教育，打造高素质农产品职业队伍。既可以在媒体中多宣传高质量安全素养的行为，如在地方台或区域影响范围广的电视、广播频道上增设以提高质量安全素养为主要内容的专栏；又可以在农业经理人的专项培训中增加质量安全素养的内容，并将质量安全素养列入农业经理人职业等级评定标准单独考核，对该项内容考核不合格的不予等级评定；还可以以严格的主体责任规范等来强化农业经理人质量安全素养，如对出现农产品质量安全伤害事例的农业经理人取消职业资格等，打造高素质的农业经理人队伍。

第六，强化对农业经理人法律科普，营造农产品质量安全守法氛围。以重新修订的《中华人民共和国农产品质量安全法》为契机，如通过短信、微信公众号等贴近生活的科普方式，向农业经理人不定期推送法律动态，加强农业经理人对国家法律、法规和政府政策的了解；又如在业务培训中增加法律知识专题培训，举办农产品质量安全法普创新公益大赛等，通过提高法律认知，增强农业经理人知法懂法用法的能力，规范生产经营行为，营造农产品质量安全守法氛围。

7.7 本章小结

理解农业经理人食品安全守法意愿形成机理，对提升农产品质量安全法律监管效果尤为重要。本研究探讨规制环境对农业经理人食品安全守法意愿的影响，检验法律认知的中介作用与质量安全素养的调节效应。运用结构方程技术对来自广东384位农业经理人问卷数据的研究显示，政府监管、行业服务和邻里效应对守法意愿均具有显著正向影响；媒体宣传对守法意愿具有显著负向影响；行业服务对法律认知具有显著正向影响；法律认知对守法意愿具有显著正向影响，并在规制环境与守法意愿关系间具有部分中介作用，质量安全素养对媒体宣传、行业服务与守法意愿关系间具有负向调节作用。由此，亟须实施农业经理人激励约束、加强农业经理人行业自律、促进农业经理人同行交流合作、提升农业经理人媒体素养、着力加强农业经理人素养教育、强化对农业经理人法律科普。

8 农户食品安全风险控制行为

8.1 研究背景

实施食品安全战略，促进优质供给与美好需求相匹配，让人民群众吃得放心，是加快建设中国特色社会主义新征程的重要保障之一。我国是果蔬生产大国和消费大国，据农业部数据显示，2016 年我国蔬菜和水果总产量分别达到 8.0 亿吨和 2.8 亿吨，蔬菜和水果种植面积、总产量均位居世界第一。我国蔬菜出口额在农产品出口贸易总额中位列第二，是全球蔬菜出口第一大国；水果出口总额呈现逐年递增趋势。近年来，我国果蔬质量安全形势总体平稳向好，然而果蔬质量安全风险仍不容忽视，诸如带花黄瓜、染色花椒、毒韭菜、激素草莓、爆炸西瓜和早产葡萄等果蔬产品伤害危机事件，严重威胁着消费者健康和人身安全，引发消费者信任危机，制约了果蔬产业可持续发展。据国家农业部和统计局数据显示，2016 年我国果蔬种植总面积达到 0.25 亿公顷，而国有农场耕地总面积仅 0.06 亿公顷，可见果蔬农户是我国果蔬产业的重要生产主体。果蔬农户既包括散户，又包括加入合作组织的以及位于大规模生产区或生产基地的农户。果蔬农户是供应链源头环节的重要生产主体，果蔬农户在种植环节的安全农药持续性投入行为，即食品安全风险控制行为是保障果蔬质量安全的关键。2018 年 1 月，国家食品药品监督管理局公布果蔬农药超标清单，其中被抽检的广州市白云区江南果菜批发市场的菠菜农药超标，比国家标准高出 5 倍；同年 7 月公布 13 批次食品不合格情况的通告，其中果蔬农药超标占 3 批次，最高超标达 55.5 倍。可见，保障果蔬质量安全，提升果蔬供给质量，必须重点关注果蔬农户食品安全风险控制行为。因此，在我国果蔬伤害危机频繁爆发的背景下，如何激励果蔬农户实施食品安全风险控制行为，施用果蔬安全农药，对于实现果蔬产业可持续发展尤为重要（王建华等，2016；李昊等，2018）。理解果蔬农户食品安全风险控制行为形成机理，引导果蔬农户提升食品安全风险控制认知、增强食品安全风险控制技能、加强食品安全风险规避意识，可有效地促进果蔬农户采取食品安全风险控制行为，提升果蔬质量安全水平（Gong 等，2016；Fosu 等，2017）。基于此，本章以计划行为理论为基础，以果蔬农户施用安全农药为例，构建了果蔬农户食品安全风险控制行为研究模型，基于态度、主观规范和知觉行为控制三个层面，立足我国果蔬农户施用安全农药具体情景，探讨价值认同、社会信念和能力认知对果蔬农户食品安全风险控制行为的作用机理，提出果蔬农户实施食品安全风险控制行为的激励对策，为保障果蔬质量安全提供理论指导和决策依据。

8.2　文献述评与理论基础

8.2.1　计划行为理论

Ajzen 基于理性行为理论提出计划行为理论，认为个体行为并非全部出于自愿，而是由于处在特定控制条件下产生的行为意向，个体行为意向和实际行为之间高度相关（Ajzen，1985）。个体行为意向受到三个因素的影响：一是个体行为态度，是指个体对在既定情境中实施某一特定行为的正面或负面的综合评估，态度越积极，行为意向越强烈；二是个体主观规范，是指个人采取某项行为与否取决于来自外界环境的社会压力，即其亲友等相关群体是否认同或某种制度的约束程度，当社会环境对个体行为的认同程度越高，行为意向越强烈；三是个体知觉行为控制，即个体对某特定行为的难易程度的知觉及对自己控制该行为的能力的判断，当感知行为可控制程度越高，行为意向越强烈。以往研究成果运用计划行为理论对消费行为、技术采纳行为和创新行为等行为形成机理进行科学解释，验证了计划行为理论的适用性和推广性（Ajzen，1991）。

计划行为理论适用于农户种植和施药行为的相关研究。肖开红和王小魁（2017）基于计划行为理论研究了农户参与农产品质量追溯的内在行为机理，研究结果表明，行为态度、主观规范和控制认知正向影响规模农户参与农产品质量追溯的意愿和行为；王建华等（2016）运用计划行为理论分析农户规范施药行为的传导路径及影响因素，实证研究结果发现，知觉行为控制、行为目标、行为态度、主观规范与农户规范施药行为在不同程度上存在正相关；程琳、郑军（2014）以计划行为理论为依据，研究菜农生产质量安全行为实施意愿和影响因素，研究结果发现，行为态度、主观规范和知觉行为控制正向影响菜农生产质量安全行为实施意愿和行为。尽管以往研究成果已从计划行为理论视角分析农户行为，但是直接针对果蔬农户食品安全风险控制行为的相关研究尚不多见。

8.2.2 农户食品安全风险控制行为

农户食品安全风险控制行为是指农户实施的一切与质量安全直接相关的农资购买、农药肥料使用、生产食品等活动，其中，农药和肥料使用行为尤为关键（Carvalho，2017）。果蔬农户作为果蔬供应链源头环节的重要主体，是果蔬质量安全的重要控制者，部分农户为提高产量而施用不安全农药，诱发果蔬供给过程质量安全风险隐患（常杰，2016）。因此，施药环节是果蔬农户质量控制行为的关键，果蔬农户食品安全风险控制行为集中体现在果蔬种植过程中是否采用合理、安全的施药方式。

国内外学者们围绕农户食品安全风险控制行为影响因素展开研究。一方面，个体特征因素对农户食品安全风险控制行为产生作用。Bandara 等（2013）实证分析结果表明，年龄、平均收入等因素对农户安全农药感知和支付意愿有着显著影响；Vincen 等（2016）实地调查结果发现，劳动力价格是安全农药农户使用意愿的重要影响因素；Jin 等（2017）实证调研结果显示，性别差异、风险意识等因素对农户食品安全风险控制行为产生正向作用。另一方面，态度、行为认知等心理因素对农户食品安全风险控制行为也产生了重要影响。农户的行为认知、行为能力、行为规范等因素对农户安全生产用药意愿产生显著影响（李世杰等，2013）；知觉行为控制、行为目标、行为态度和主观规范对农户规范施药行为有着不同程度的正向影响（王建华等，2016）；政策和制度对农户过量施用农药行为，不遵守施药间隔期的行为以及在施药过程中不阅读标签说明行为产生不同程度的影响（黄祖辉等，2016）。同时，学者们对农户食品安全风险控制行为影响因素采用了多样化的实证研究方法。侯建昀等（2014）基于环渤海湾与黄土高原 635 个苹果农户的调查数据，通过非线性面板数据分析，表明农户农药施用行为有着显著的区域差异；王建华等（2016）构建贝叶斯网络模型对全国 986 个样本进行假说检验，实证结果表明，导致农户过量施用农药和对农药残留认知不足等行为风险的关键因素是农产品用途和农产品预售价等；郭利京和赵瑾（2017）以江苏 639 个农户为例进行实证分析，运用 T 检验分析了农户个人特征和社会关系网络对农户生物农药认知冲突和施用意愿的影响。

农户食品安全风险控制行为直接关系到食品安全乃至社会和谐稳定。以往研究成果大多从年龄、性别和收入等个体特征因素，以及风险意识、态度、政策认知等心理因素对农户食品安全风险控制行为进行实证分析，对激励农户采取食品安全风险控制行为提供了一定的决策参考。然而，以往专门以果蔬农户为研究对象的成果相对较少，针对农户食品安全风险控制行为的研究主要从农户个体特征、惠农政策等方面探讨食品安全风险控制行为的影响因素，缺乏从态度、认知和动机等心理因素综合考察农户食品安全风险控制行为的重要前因。此外，已有文献对农户食品安全风险控制行为的研究主要以二元 Logistic 回归分析等作为实证方法，较少有运用结构方程模型的研究成果。基于此，本研究基于计划行为理论，结合果蔬农户施用农药具体情景，剖析行为态度、主观规范和知觉行为控制对果蔬农户食品安全风险控制行为的作用机理，为激励果蔬农户食品安全风险控制行为提供理论依据与决策参考。

8.3 研究假设和研究模型

果蔬农户食品安全风险控制行为是指果蔬农户采取的一切与果蔬农产品质量安全直接相关的所有行为和活动，包括农资购买、田间管理、果蔬采后处理等行为，其中果蔬生产田间管理中农药和肥料的使用行为是影响果蔬农产品质量安全的关键行为（Zhao 等，2018）。基于计划行为理论，果蔬农户食品安全风险控制行为受到态度、主观规范、知觉行为控制三维度因素的心理驱动，这三维度因素互相独立而又各自呈现出不同程度的作用，共同影响果蔬农户食品安全风险控制行为意向，进而决定果蔬农户食品安全风险控制行为（Ajzen，1991）。具体而言，果蔬农户具有越强的态度，其食品安全风险控制行为意向越强；果蔬农户主观规范越强，其食品安全风险控制行为意向越强；果蔬农户知觉行为控制程度越强，个人的行为意向也会越强。从态度层面来看，果蔬农户对施用安全农药持有越积极的态度，即认为施用安全农药可提高产品质量并增加经营收入，认同采取食品安全风险控制行为是有意义的、有价值的，则果蔬农户越可能采取食品安全风险控制行为。从主观规范层面来看，果蔬农户在施用安全农药过程中越能感受到周围亲友、同行、合作社、村委会和政府等的认同和激励，则越能感知到采取施用安全农药的食品安全风险控制行为是正确的、明智的，从而坚定果蔬农户食品安全风险控制行为意向，实施食品安全风险控制行为。从知觉行为控制层面来看，果蔬农户在施用农药等生产过程中感知到自身具备执行质量安全控制的能力越强，则果蔬农户采用食品安全风险控制行为的可能性越大。

因此，基于计划行为理论视角，果蔬农户食品安全风险控制行为既受到个人价值取向、相关群体等因素的影响，也受到农产品质量安全风险认知和风险规避的驱动。基于此，本研究从计划行为理论视角出发，将果蔬农户食品安全风险控制行为前因概括为价值认同、社会信念和能力认知三方面。就价值认同而言，果蔬农户对施用安全农药行为及其综合收益的认同度越高，则使用安全农药的行为倾向越明显。就社会信念而言，果蔬农户施用安全农药行为受到合作者、协会和政府等相关主体的支持度越高，则果蔬农户施用安全农药行为意愿越强烈。就能力认知而言，果蔬农户对自身具备有利于施用安全农药行为的资源、知识和能力的认知程度越高，越倾向于采取食品安全风险控制行为。

8.3.1　价值认同与食品安全风险控制行为

基于计划行为理论，态度是决定行为意向的变量，态度是指果蔬农户对食品安全风险控制行为支持或否定的主观评价，积极的态度会更加偏向于在实际场景中执行该行为（Ajzen，1991；肖开红、王小魁，2017）。态度主要是受到生存、价值、经济理性等方面因素的影响，从而产生对果蔬农户食品安全风险控制行为的影响。基于此，价值认同是指果蔬农户对施用质量安全农药带来的内部收益和外部收益持有积极的态度。换而言之，果蔬农户对施用安全农药的价值认同取决于其对施用安全农药效用和收益的认知，即果蔬农户意识到施用安全农药比单纯地杀虫抗病害更能保障产品质量安全持续性，从而更放心地食用自家种植的果蔬，并能更好地保护消费者健康（侯博、应瑞瑶，2015）；同时，果蔬农户相信施用安全农药更省时省力，更有效地提高果蔬产量，提升果蔬产品质量，改善果蔬外观，从而提高了果蔬种植效率，有利于实现长远的经济收益；此外，果蔬农户发现施用安全农药能够对农业生态环境最大保护，如水资源保护、兼顾蜜蜂和授粉昆虫健康等（Ajzen，1991）。果蔬农户认为采取食品安全风险控制行为可能创造更多的价值，则更倾向于在施用农药等生产过程中实施食品安全风险控制行为。所以，果蔬农户对采取食品安全风险控制行为态度越正面，其对食品安全风险控制行为的价值认同越强烈，则果蔬农户对食品安全风险控制行为认可度越高，对食品安全风险控制行为的结果更满意和更认可（王建华等，2016）。因此，果蔬农户质量安全控制价值认同越强烈，越可能采取食品安全风险控制行为。由此，本章提出如下假说：

H_1：价值认同正向影响食品安全风险控制行为。

8.3.2 社会信念与食品安全风险控制行为

从计划行为理论可知，主观规范与行为意向呈正相关。社会信念是个体基于对社会环境及运作机制的认知判断和总体感知而形成的理念，个体根据持有的社会信念权衡行为结果进而调整行为。也就是说，果蔬农户受到身边重要的相关群体、组织或政府部门等社会因素对其是否实施食品安全风险控制行为所造成的压力，主要指影响果蔬农户食品安全风险控制行为意向的社会信念因素，如法律法规、市场制度和相关群体压力等（Ajzen，1991；Fielding，2008）。果蔬农户较为在乎家人、左邻右舍、乡亲等对施用安全农药的看法（Fielding，2008；崔亚飞等，2017）；同时，村委会、合作社、零售商和果蔬协会等向果蔬农户提供施用安全农药技术培训指导和采购合同质量安全条款约束等坚定了果蔬农户施用安全农药的信念（程琳、郑军，2014）；此外，获得质量安全认证的果蔬农户强烈地感知到政府部门监管、媒体和社会公众监督的外部监管压力，以及优质安全果蔬消费需求和行业竞争的外部市场压力，从而产生了提高果蔬供给质量的内在动力（程琳、郑军，2014）。可见，果蔬农户在种植环节施用安全农药与否是其对个人、组织和制度等社会信念综合权衡的结果。社会信念主要来源于果蔬农户家庭的支持，朋友、邻居和同行的认同，以及合作社、村委员会和政府等激励。当果蔬农户得到正向的社会信念支持，即感觉到其周围的重要个人、组织和制度将鼓励其采取食品安全风险控制行为，其可能预测到实施食品安全风险控制行为的正向结果，从而果蔬农户可能产生正向的行为意向。果蔬农户感知的相关群体带来的食品安全风险控制行为社会信念越积极，果蔬农户食品安全风险控制行为意向越强烈。由此，本章提出如下假设：

H_2：社会信念正向影响食品安全风险控制行为。

8.3.3　能力认知与食品安全风险控制行为

计划行为理论认为，行为意向除了受到行为态度和主观规范的影响，也受到知觉行为控制的影响，即知觉行为控制与行为意向呈正相关（Ajzen，1991）。食品安全风险控制行为认知是指果蔬农户感知到自身是否具备实际执行食品安全风险控制行为的核心能力。在果蔬农户施用农药等生产过程的情景下，果蔬农户对自身质量安全控制能力具有客观的、全面的认知，是其采取食品安全风险控制行为的重要前因（高杨等，2016；储成兵、李平，2013）。果蔬农户施用安全农药的能力认知不仅包括对施用安全农药所需要的设施设备、操作技术、实施流程、施用效果的科学知识以及实践经验积累（Negatu 等，2016），而且包括对施用安全农药的间隔周期、农药残留、其他替代品等知识和技能的掌握（王建华等，2016），还包括对施用安全农药所需要的资金投入和经营规模等正确预期。总之，果蔬农户接受的专业培训，拥有的经济实力、设施设备、操作技术和使用经验等对其施用安全农药行为能力认知影响较大（程琳、郑军，2014；崔亚飞等，2017）。当果蔬农户具备了采取食品安全风险控制行为的能力和条件，从而可能产生购买和施用安全农药的食品安全风险控制行为。农户生产质量安全行为中参与合作组织情况与自身资源条件认知对知觉行为控制有显著正相关关系（程琳、郑军，2014）。由此，果蔬农户对自身质量安全控制能力认知越强烈，其采取食品安全风险控制行为可能性也越大。由此，本章提出如下假设：

H_3：能力认知正向影响食品安全风险控制行为。

综上，本章构建了果蔬农户食品安全风险控制行为研究模型，如图8－1所示。其中，前因变量是计划行为理论三维度，包括价值认同、社会信念和能力认知；结果变量是果蔬农户食品安全风险控制行为。

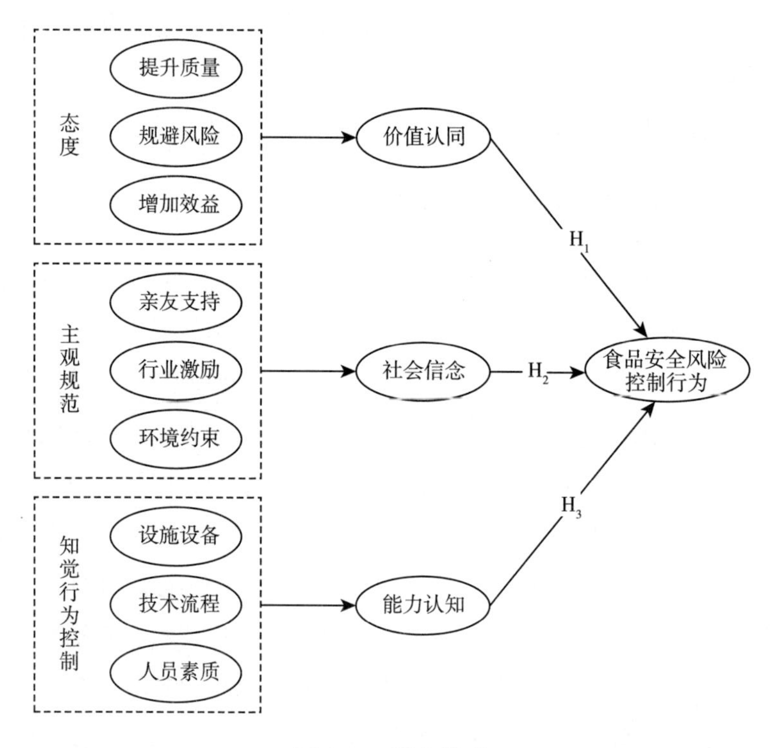

图 8-1　研究模型

8.4　量表与样本

8.4.1　量表设计

本研究采用问卷调查法进行样本采集，问卷包括两部分：第一部分是果蔬农户的基本情况，包括农户性别、年龄、文化程度、农户类型、种植品种、种植面积、种植时间、收入来源和购买农药花费等；第二部分是潜变量价值认同、社会信念、能力认知和果蔬农户食品安全风险控制行为的测度项。采用 Liker5 级量表来测度变量，对全部测度项的赋值从低往高排列，由“1～5”表示对变量的赋值排序，1 为“非常不同意”、2为“不同意”、3为“中立”、4为“同意”以及5为“非常同意”。变量测度项均在借鉴已有研究成果基础上结合本研究实际情境修改而来。最后本研究得出包含了19个测度项的问卷量表，测度项及文献来源见表8-1。

表8-1　变量测度项

潜变量	测度项	文献来源
价值认同（VI）	VI_1 我认为果蔬施用安全农药保障农产品质量安全比杀虫抗病害更重要 VI_2 我认为果蔬施用安全农药有利于消费者和自身的健康 VI_3 我认为果蔬施用安全农药带来的预期经济收益更高 VI_4 我认为果蔬施用安全农药可以保护环境 VI_5 我认为果蔬施用安全农药会使我放心食用自家种植的果蔬	Ajzen（1991） 侯博、应瑞瑶（2015）
社会信念（SB）	SB_1 家人和亲戚朋友认为我应该对果蔬施用安全农药 SB_2 乡亲、邻居和其他果蔬农户认为我对果蔬施用安全农药是必要的 SB_3 村委会、合作社、零售商和果蔬协会等帮助我对果蔬施用安全农药 SB_4 法律法规、政府监管和质量认证等促使我对果蔬施用安全农药 SB_5 消费需求、媒体舆论让我坚信果蔬施用安全农药是有意义的	Fielding等（2008） 程琳、郑军（2014） 崔亚飞等（2017）
能力认知（AC）	AC_1 我的收入、农药施用经验和专业培训支持我对果蔬施用安全农药 AC_2 我具备了果蔬施用安全农药的设施设备 AC_3 我熟悉掌握果蔬施用安全农药的控制技术和操作要领 AC_4 我了解果蔬施用安全农药的安全间隔期和农药残留情况 AC_5 我有能力并很容易对果蔬施用安全农药	Negatu等（2016） 王建华等（2016）

（续）

潜变量	测度项	文献来源
食品安全风险控制行为（*CB*）	CB_1 我愿意对果蔬施用安全农药 CB_2 最近一次购买果蔬施用的农药我已考虑安全农药 CB_3 我愿意在果蔬施用安全农药上加大投资 CB_4 我会动员周围乡邻对果蔬施用安全农药	Ajzen（1991） 肖开红、王小魁（2017）

8.4.2 样本采集

本研究根据种植不同果蔬产品和种植的普及程度，选择广东省广州市江高镇、神山镇和钟落潭镇239位果蔬农户进行问卷调查，于2017年12月至2018年2月完成样本采集。为避免果蔬农户对问卷题项理解的偏差，问卷调查采用实地调查方式发放给果蔬农户现场填写并回收纸质问卷。共发放问卷280份，收回262份，剔除内容漏填、有逻辑错误且无法核实的废卷，最后共获得完整有效的样本239份，有效样本回收率为91.22%。运用SPSS 24.0软件进行数据分析，得出样本特征统计（表8-2）。被调查者中，57.3%为男性，42.7%为女性，总体来看，男性比例高于女性比例；从年龄层面上看，绝大多数被调查对象处于46～55岁，由此可知，果蔬农户主要以中老年人为主要构成；从农户收入来源看，主要以纯农收入和农业为收入来源，总共占89.2%。可见，本研究调查样本总体情况良好，具有一定代表性。

表8-2 样本特征统计（$N=239$）

		男			女
性别	样本数	137			102
	比例（%）	57.3			42.7
年龄（岁）		25及以下	26～35	36～45	46～55	55以上
	样本数	0	7	71	92	69
	比例（%）	0	2.9	29.7	38.5	28.9

（续）

文化程度		小学及以下	初中	中专及高中	大专及本科以上
	样本数	141	87	11	0
	比例（%）	59	36.4	4.6	0
农户类型		个体散户	专业合作社农户	生产基地农户	
	样本数	193	46	0	
	比例（%）	80.8	19.2	0	
种植类型		水果	蔬菜	两者皆有	
	样本数	28	159	52	
	比例（%）	11.7	66.5	21.8	
种植面积（亩*）		1 及以下	2～5	6 及以上	
	样本数	95	136	8	
	比例（%）	39.7	56.9	3.4	
种植时间（年）		5 及以下	6～9	10 及以上	
	样本数	161	45	33	
	比例（%）	67.4	18.8	13.8	
收入来源		纯务农收入	务农为主	务工为主	
	样本数	96	117	26	
	比例（%）	40.2	49	10.8	
买农药开支［元/（年・亩）］		200 及以下	201～300	301～500	500 及以上
	样本数	6	26	104	103
	比例（%）	2.5	10.9	43.5	43.1

8.5　实证分析

8.5.1　测量模型分析

本研究在对测度项进行信度检验时，使用统计软件 SPSS 17.0 得到了相应的 Cronbach's α 值（表 8-3），所有变量测度项的 Cronbach's α

* 亩为非法定计量单位，1 亩=1/15 公顷。——编者注。

值在0.645～0.810之间，均大于0.6，说明量表具有较理想的信度。删去变量的任一测度项后，研究变量的Cronbach's α值都比删去该测度项前的值要小，说明本研究量表具有较高的可靠性。本研究运用Smart PLS软件进行验证性因子分析，所有变量测度项的标准负载均在0.600～0.967的范围之间，均大于0.6；每个因子的*AVE*值在0.500～0.825的范围之间，大于0.5的临界值，表明每个变量测度项的收敛效度均处于较高水平。此外，变量的复合信度（*CR*）值均在0.763～0.903的范围之间，大于0.7，说明量表具有较好的内部一致性水平。

表8-3　信度和收敛效度分析

潜变量	测度项	Cronbach's α值	删除测度项后α值	*CR*	标准负载	*AVE*
价值认同（*VI*）	VI_1	0.810	0.636	0.903	0.967	0.825
	VI_2		0.633		0.822	
	VI_3		0.658		0.845	
	VI_4		0.632		0.807	
	VI_5		0.643		0.836	
社会信念（*SB*）	SB_1	0.646	0.642	0.807	0.614	0.585
	SB_2		0.613		0.689	
	SB_3		0.626		0.623	
	SB_4		0.615		0.740	
	SB_5		0.601		0.857	
能力认知（*AC*）	AC_1	0.645	0.618	0.809	0.715	0.590
	AC_2		0.615		0.778	
	AC_3		0.612		0.723	
	AC_4		0.604		0.793	
	AC_5		0.623		0.701	
食品安全风险控制行为（*CB*）	CB_1	0.690	0.626	0.763	0.725	0.500
	CB_2		0.614		0.716	
	CB_3		0.621		0.646	
	CB_4		0.624		0.600	

区别效度结果见表8-4，本研究变量的*AVE*值开方后数值即位于对角

线的值，均大于相应的相关系数，因此，本研究的量表具有较好的区别效度。

表 8－4　区别效度分析

项目	*VI*	*SB*	*AC*	*CB*
价值认同（*VI*）	1			
社会信念（*SB*）	0.24	1		
能力认知（*AC*）	0.166	0.461	1	
食品安全风险控制行为（*CB*）	0.249	0.421	0.46	1

8.5.2　结构模型分析

本研究采用偏最小二乘法（Partial Last Squares，PLS）构建结构方程，运用 Smart PLS 2.0 统计软件对结构模型进行实证检验。相对 AMOS、LISREL、MPLUS 等基于协方差矩阵的传统结构方程模型软件而言，Smart PLS 具有明显的相对优势：首先，Smart PLS 对样本容量要求相对较低，利用有限的样本可进行强大的数据分析并达到较好的分析效果；其次，Smart PLS 可消除多重共线性的干扰，是实证研究中消除多重共线性的有效方法；最后，Smart PLS 可提出特定的因子结构，可同时处理多个变量，增强探索性研究和数据分析的精确度。因此，本研究选择 Smart PLS 2.0 软件对研究假设进行实证分析。研究模型各路径标准化系数及其显著性水平，error 项及其系数见图 8－2。可见，价值认同、社会信念和能力认知对果蔬农户食品安全风险控制行为有着正向显著影响。此外，表 8－5 为模型的整体拟合优度指标值和判断准则，所有指标值均达到了理想的水平，所以，本研究模型的拟合优度较为理想，较高程度地解释了果蔬农户食品安全风险控制行为。因此，根据结果模型分析检验结果，所有路径的标准化系数见表 8－6，本研究所有假设都成立。

表 8－5　结构方程模型整体拟合度评估

拟合指标	χ^2/df	*GFI*	*NFI*	*NNFI*	*CFI*	*RMSEA*
判断准则	<3	>0.9	>0.9	>0.9	>0.9	<0.08
实际值	1.908	0.913	0.922	0.964	0.935	0.069

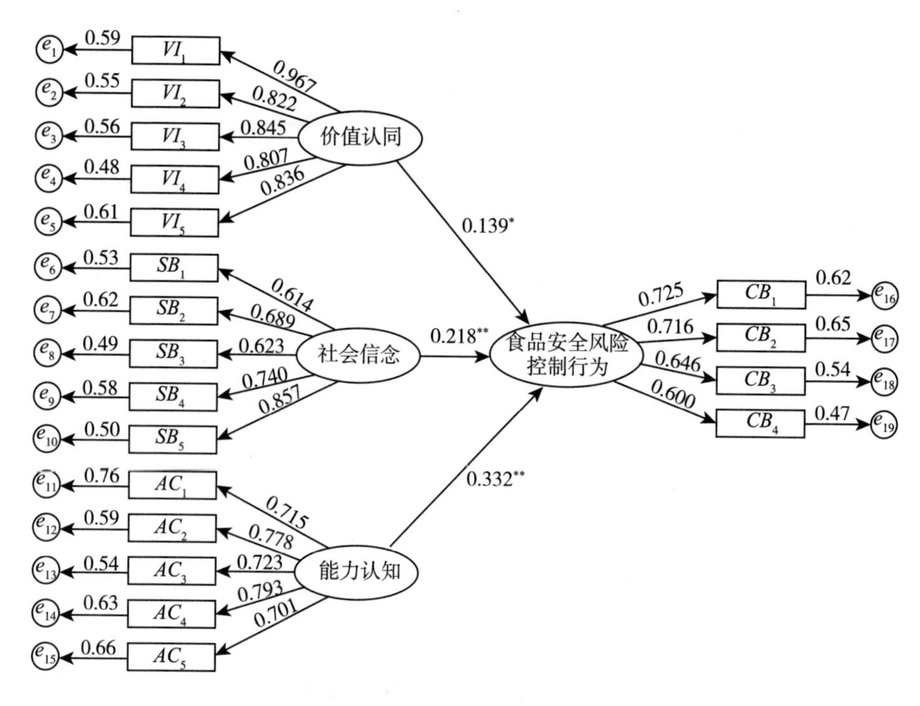

图 8-2　结构模型路径系数

注：***、**、* 分别表示在 $p<0.001$、$p<0.01$、$p<0.05$ 的水平下显著。

表 8-6　假设检验结果

路径关系	标准化系数	T 值	显著性水平	检验结果
H_1：价值认同对食品安全风险控制行为有正向影响	0.139	2.083	*	成立
H_2：社会信念对食品安全风险控制行为有正向影响	0.218	2.594	**	成立
H_3：能力认知对食品安全风险控制行为有正向影响	0.332	3.279	**	成立

8.5.3　结果讨论

本研究分析了果蔬农户食品安全风险控制行为形成机理。通过对来自广州的 239 位被调查者的数据收集和数据分析，采用结构方程建模方法对理论模型进行了实证检验，实证研究结果发现：

价值认同对食品安全风险控制行为有正向显著影响，标准化路径系数（0.139）。具体在两个测度变量表现出较显著的相关性，即认为施用安全农药是为了提升果蔬产品质量和施用普通农药是为了降低果蔬产品的成本，对果蔬农户施药食品安全风险控制行为有显著影响，说明果蔬农户对食品安全风险控制行为产生的价值较为认同，对食品安全风险控制行为持有端正积极的态度，因此会有更高的可能性施行较好的食品安全风险控制行为。在亲戚朋友认为在果蔬上控制施药质量安全是有利的，政府部门、村委会、组织合作社、生产企业认为在果蔬上控制施药的质量安全等三测度变量对果蔬农户施药食品安全风险控制行为有显著影响。

社会信念对食品安全风险控制行为有正向显著影响，标准化路径系数（0.218）。表明亲戚朋友的支持以及政府监督管理等影响着果蔬农户施药食品安全风险控制行为。但是实际中因果蔬农户施药食品安全风险控制行为的主观信念低等问题，依然存在不少高毒农药的施用。因此，要借助周围环境及政府这方面的影响，采用正确的方式引导果蔬农户的行为有利于施药食品安全风险控制行为。如果果蔬农户认为施药食品安全风险控制行为可以带来主观心理上的愉悦，那么他们对施药食品安全风险控制行为会表现得更加积极。

能力认知对食品安全风险控制行为有正向显著影响，标准化路径系数（0.332）。认为施用不安全农药会造成果蔬农产品农药残留、认为施用不安全农药会影响果蔬产品的质量、认为施用安全农药对提高果蔬产品质量和改善生态环境有很大作用等三个测度变量对果蔬农户施药食品安全风险控制行为有显著影响。且知觉行为控制是三个研究变量中影响程度最强的一个，说明果蔬农户认知食品安全风险控制行为可控性越高，则从事食品安全风险控制行为的机率就大大提高。在调查过程中发现接受合作社培训学习在一定程度上可以提高果蔬农户的质量安全认知，提高果蔬农户施药食品安全风险控制行为。但果蔬农户接受培训方式比较单一化，这方面需要政府在技术推广、培训等方面加强宣传。

8.6 结论与管理启示

本研究基于计划行为理论，立足态度、主观规范和知觉行为控制三方面的维度结构，构建了果蔬农户食品安全风险控制行为研究模型，探讨价值认同、社会信念和能力认知如何对果蔬农户食品安全风险控制行为产生综合作用。实证结果表明，价值认同、社会信念和能力认知对果蔬农户食品安全风险控制行为产生了不同程度的正向影响，即果蔬农户认同施用安全农药等生产行为创造的经济价值、社会价值和环境价值，果蔬农户受到亲戚朋友、同行、合作社和政府等社会相关群体的认可和支持，以及果蔬农户对自身质量安全控制能力的正确认知，有利于驱动其采取食品安全风险控制行为。基于此，本研究得出管理启示如下：

第一，培育果蔬农户质量安全控制意识。政府部门、村委会、组织合作社和生产企业等相关主体加强对农户食品安全风险控制行为科普教育，及时传播病虫害、农药化肥和农技信息等重要信息，普及不安全生产的危害，提升果蔬农户社会责任感，从而激发果蔬农户自主采取食品安全风险控制行为。

第二，创造良好社会舆论氛围。调动亲戚朋友、行业协会等相关主体的积极性，采取劝说、提醒和监督等方式来激励果蔬农户采取食品安全风险控制行为；通过发挥媒体舆论、消费者监督等作用，营造积极需求安全果蔬的市场前景，激发果蔬农户质量安全控制意愿；发挥法律法规的监督管理作业，加强对在售农资产品的监督，约束引导果蔬农户进行科学合理选择。

第三，加大政府资金扶持力度和技术支撑措施。扶持能统一管理果蔬农户的合作社和大型生产基地，对果蔬农户的安全生产过程进行监督约束和技术指导，协同发挥科技带头户、试验示范点的示范带头作用。同时，加快果蔬农产品质量安全追溯体系建设，实现果蔬生产记录可存储、流向可追踪、储运信息可查询。

第四，积极开展果蔬农户质量安全控制技能培训。通过政府、农技推广部门或者村委会定期组织开展针对不同种植类型的质量安全控制技能培训和咨询服务，采用田间指导为主，课堂讲授为辅的生动化培训方式，使果蔬农户积累质量安全控制技能知识和经验，掌握并提高质量安全控制技能。

第五，实施果蔬农户食品安全风险控制行为激励政策。采取相应的补贴政策补偿果蔬农户由于施用生物农药和有机肥而增加的相应成本；同时完善安全果蔬优质优价市场交易体系，既保证果蔬农户能够因控制施药质量安全而获得相应收益，亦激励安全果蔬生产者持续性采用食品安全风险控制行为。

第六，健全质量安全控制的监督管理机制。成立专门的监督队伍定期对果蔬产品的安全生产实行监督，同时加大对果蔬农产品的抽检力度和频率，并鼓励社会普通大众、其他农户与政府共同监督果蔬农户施药行为。

8.7 本章小结

理解农户食品安全风险控制行为形成机理，是确保农村食品供应链源头质量安全，保护产地生态环境、促进食品产业可持续发展的关键。基于计划行为理论，构建农户食品安全风险控制行为意愿研究模型，在广州市采集 239 个有效样本，运用结构方程技术实证分析价值认同、社会信念和能力认知对农户食品安全风险控制行为的影响。实证结果表明，农户食品安全风险控制行为受价值认同、社会信念和能力认知的正向影响。其中，能力认知对农户食品安全风险控制行为的影响最为显著。故亟须培育农户食品安全控制意识、创造良好社会舆论氛围、加大政府资金扶持力度和技术支撑措施、开展农户食品安全控制技能培训、实施农户食品安全风险控制行为激励政策、健全食品安全控制的监督管理机制。

9 农村居民食品安全购买决策

9.1 研究背景

党的第十九次全国代表大会工作报告明确提出“实施健康中国战略”,《“十三五”国家食品安全规划》提出保障食品安全是建设健康中国、增进人民福祉的重要内容。据中国绿色食品发展中心统计数据,2017年我国绿色食品销售额为4 034亿元,比2013年增长11.3%。可见,健康中国战略下安全农产品消费者需求日益增长。扩大农村安全食品市场销售,拉动农村安全食品消费者需求,是从需求侧保障农村食品安全的重要途径。党的十九大报告提出实施乡村振兴战略,实现由农业大国向农业强国转变,必须走质量兴农之路。2014年环保部和国土部联合发布《全国土壤污染状况调查公报》,指出废弃工矿和农业生产导致我国土壤环境被严重污染,农业用地土壤质量状况堪忧。据自然资源部《2017中国土地矿产海洋资源统计公报》显示,由于灾害、生态改造、建设占用等原因,2017年我国耕地面积减少32.04万公顷。我国土地环境污染、耕地面积减少等现状在一定程度上导致农产品质量安全风险,制约我国农业产业化进程。因此,推广无土栽培技术,推进无土栽培农产品产业化进程尤为重要。无土栽培不依赖于自然条件和传统农业生产土壤,让农作物根系在最适合的环境下激发生长潜力,通过管理和病虫害防治、施肥等手段减少对环境的污染,为生产优质的、安全的农产品创造有利条件。无土栽培农产品在全球100多个国家和地区生产和销售,无土栽培最发达的国家荷兰无土栽培作物主要有番茄、甜椒、黄瓜和花卉,其中番茄平均每平方米产量52千克、黄瓜平均每平方米产量 755 千克。我国加大对无土栽培农产品的科技支撑，2018 年我国无土栽培面积约 5 万公顷，取得了良好的经济效益、社会效益和生态效益。无土栽培农产品有效规避农业源头污染引致的农产品质量安全风险，代表着安全农产品发展方向。引导农村居民购买安全农产品，是提升农村食品安全水平的关键。基于此，本章以无土栽培农产品为例，基于心理反应过程研究农村居民食品安全购买决策影响因素，为制定无土栽培农产品营销策略、推动无土栽培产业发展、推进农村食品安全风险治理提供理论依据和决策参考。

9.2 无土栽培农产品概述

9.2.1 无土栽培农产品概念

国际无土栽培学会指出，凡是用除了天然土壤之外的基质创造能为作物提供水分、养分、氧气环境的栽培方式均称为无土栽培，即不用天然土壤、而利用含有植物生长发育必需元素的营养液来提供营养，使植物能正常完成整个生命周期的种植技术。无土栽培分营养液栽培和有机无土栽培两类，只需满足蔬菜对温度、湿度、采光等条件要求，可改善土壤连作障碍问题和缓解土壤污染导致的重金属残留、水分大量渗透和流失问题，可扩展农业生产空间，有效缓解耕地资源紧张局面，也具有节省劳动力、节约用水、清洁卫生、不受地区限制等优点（朱世言，2017）。无土栽培农产品包含无土栽培蔬菜、瓜果、茶叶、花卉和药材等。

9.2.2 无土栽培农产品历史演进

无土栽培发展历史分为试验研究、生产应用和高科技发展三阶段。第一，无土栽培试验研究阶段。1840 年，德国科学家力比希（Liebig）创立“矿物质营养学说”，奠定了无土栽培理论基础。1842 年，德国科学院家卫格曼（Wiegmann）和波斯托罗夫（Postolof）利用配制矿物质营养液栽培植物获得成功，证实“矿质营养学说”。1980年，德国科学家萨克斯（Saches）和克诺普（Knop）开创营养液配方并成功培育植物，被公认为是无土栽培科学先驱。此后，各国科学家对营养液中植物生长情况、营养液配方进行科学研究并确定标准化配方。第二，无土栽培生产应用阶段。20世纪30年代，无土栽培技术由实验室研究转向生产应用。1929年，美国格里克（Gericke）根据霍格兰营养液配方培育植物，番茄生长在营养液中的株高达到7.5米，单株收果达到14千克，标志着无土栽培技术进入生产应用期。日趋成熟的无土栽培技术在生产应用中展现出优越性，引起各国政府和科技界普遍关注。二战后，无土栽培成本大幅下降，进入大规模生产应用阶段。第三，无土栽培高科技发展阶段。20世纪70年代，英国温室作物研究所研发了营养液膜技术，丹麦研发了岩棉栽培技术，它们极大简化了水培技术和设备，大幅度降低无土栽培生产成本。20世纪80年代，无土栽培进一步实现生产过程机械化、自动化与智能化。20世纪90年代，西欧等发达国家将温室农作物生产由有土栽培更换为无土栽培。

9.2.3 无土栽培农产品发展现状

欧美国家无土栽培农产品起步早、发展快。美国是世界上第一个实现无土栽培商业化的国家，无土栽培研究水平走在世界前列。美国有约4 520公顷温室，大部分用于蔬菜和花卉无土栽培。二战期间和战后美国陆军在日本建立一批大型无土栽培生产基地，使日本无土栽培技术得到较快发展，在实验研究、大面积种植和植物工厂等均处于世界领先位置。荷兰是世界上无土栽培发达国家之一，荷兰无土栽培在设施栽培中占80%以上，无土栽培作物主要有番茄、甜椒、黄瓜和花卉等，种植面积已超过3 000公顷，已达到现代自动化生产管理水平。此外，阿布扎比酋长国和科威特在沙漠中采用无土栽培技术大规模生产蔬菜效益显著；在缺乏淡水的中亚和墨西哥等国家，以淡化海水配制营养液研发无土栽培蔬菜，化解农业生产用水困境。我国无土栽培技术研究和应用起步较晚。山东农业大学最先在 1975 年进行无土栽培生产研究，用蛭石成功栽培番茄、黄瓜和西瓜等。此后，我国自主研制有机生态型无土栽培系统、浮板毛管系统等生产系统。同时，各地农业科技园区大规模建设进而带动无土栽培发展。2018 年，我国设施园艺种植面积 410 万公顷，无土栽培种植面积约 50 000 公顷。

9.3 文献综述

9.3.1 安全农产品消费者购买行为

消费者行为指为了获得、使用或处理消费品而进行的各种行动和开展这些行动的决策过程（Engel 等，1955）。美国市场营销协会（AMA）认为消费者行为是人类在生活中履行交换功能的行为基础，是感情、认知、行为及环境因素间动态互动过程。广义的消费者购买行为指购买决策后，商品从销售者转移到消费者手中的过程；狭义消费者购买行为指消费者在购物场所选择商品、支付费用并获得商品使用权的过程（冉陆荣、李宝库，2016）。消费者购买行为实现产品从生产者、经营者向消费者转移，消费者的有偿消费实现企业资金的流通周转，所以消费者购买行为对市场有决定性影响。

9.3.2 安全农产品消费者购买决策影响因素

以往相关研究成果主要从个体特征、认知、态度、环保意识和健康意识、价格和产品因素等方面探究影响安全农产品消费者购买决策的因素，研究对象主要集中在无公害农产品、绿色农产品、有机农产品等，研究方法主要采用描述性统计分析、构建结构方程模型以及二元 Logistic 回归模型分析等。在个体特征方面，年龄、受教育程度、家庭收入、教育水平等正向影响消费者购买有机蔬菜行为；在性别方面，女性对有机苹果的偏好较高，男性对有机牛肉的偏好较高（Illichmann、

Abdulai，2013)；此外，便利性、身体健康情况等也对消费者食品安全购买决策有显著影响（蒲娟等，2016；董宛君、陈昌宏，2018)。在消费者认知方面，食品安全认证标识认知、食品安全关注度、政府食品安全监管满意度影响消费者食品安全购买（Magistris、Gracia，2008；刘增金等，2015)。在态度方面，偏好、积极情绪、信任、情感价值和社会价值等对安全农产品消费者购买决策有积极促进作用（朱淀等，2015；Roitner-Schobesberger，2007；尹世久，2014)。在环保意识和健康意识方面，消费者对环境保护的重视及对健康的关注、消费者对农药残留风险关注度等直接影响消费者绿色食品购买意愿（Magistris、Gracia，2008；Boccaletti、Nardella，2000；张武科、金佳，2018)。在价格方面，影响消费者选购有机食品最重要的因素是价格，大多数消费者购买安全农产品只愿意支付高于普通农产品10%的价格（马晓凡等，2017)；当降价出售时，消费者们更有购买意愿购买绿色农产品（胡颖君，2018)。在产品因素方面，吴林海等（2014）通过选择实验方法发现消费者对可追溯猪肉的质量认证属性最为重视，其次是外观和可追溯信息；刘宇翔（2014）通过调查研究，发现产品质量安全、口碑、价格、营销渠道、监管部门公信力等因素影响消费者对有机粮食的购买行为；芦天罡等（2016）调查发现除粮油产品外，影响消费者对各类安全优质农产品购买行为的主要因素是产品新鲜度和品相；张蓓、林家宝（2017）基于认知和情感机制的作用分析，发现消费者购买冰鲜鸡的动机受口感、保鲜度质量安全性的积极影响。

9.3.3 文献述评

已有关于安全农产品消费者购买行为相关研究主要以无公害农产品、绿色农产品、有机农产品等为研究对象，主要从个体特征、消费者认知和态度、价格和产品因素等方面剖析消费者购买决策影响因素，主要运用描述性统计分析、因子分析和回归分析等方法进行实证研究，形成了较为丰富的研究成果。以往研究成果大多针对有机蔬菜、无公害大米等一般类型的安全农产品，专门以依托新农业科技研发推广的无土栽培农产品为例的理论与实证研究较为缺乏。此外，以往研究成果较少基于营销因素组合理论和消费者心理反应过程，对安全农产品消费者购买行为进行系统、深入地研究。再有，基于乡村振兴战略背景，在保障农村食品安全研究情境下，构建农村居民食品安全购买决策研究模型的成果更为少见。因此，在我国农业科技进步、无土栽培农产品产业化进程加快、农村食品安全隐患威胁、健康中国行动实施等背景下，研究农村居民食品安全购买决策影响因素具有重要理论和现实意义。

9.4　研究假设和研究模型

9.4.1　营销因素对农村居民食品安全购买决策的影响

新鲜度与购买行为。新鲜度指无土栽培农产品表面光亮、色泽鲜艳、外观饱满等程度。研究发现，有机食品新鲜与否是消费者购买决策的重要考虑因素之一。无土栽培农产品属于安全农产品中较为新颖的类型，在产品质量信息不对称情境下，消费者通过看一看、闻一闻和捏一捏判断无土栽培农产品是否新鲜。消费者很可能选择购买新鲜的无土栽培农产品；反之，如果无土栽培农产品不新鲜，消费者则拒绝购买。因此，本章假设：

H_{1a}：新鲜度正向影响购买行为。

口感与购买行为。口感指无土栽培农产品给消费者带来良好的味觉体验。Marian 和 Gersen（2013）研究结果表明，消费者预期某种食品有更好的口感会提高其对该食品购买意愿。消费者品尝无土栽培农产品后觉得爽口、清香、脆甜，消费者可能形成购买意愿；反之，消费者口感体验一般或不好，则难以形成购买意愿。因此，本章假设：

H_{1b}：口感正向影响购买行为。

品牌声誉与购买行为。品牌声誉指无土栽培农产品在行业中具有良好的品牌形象，与消费者形成亲密的、持续的品牌关系。有机食品等安全农产品品牌知名度和品牌美誉度越高，消费者对有机食品价值效用和优越性越了解，则越可能促成购买行为（谢玉梅、高芸，2013）。消费者对无土栽培农产品品牌依恋、品牌信任程度越高，对无土栽培农产品质量与品牌价值越认同，越可能采取购买行为。换言之，无土栽培农产品品牌声誉越高，越有利于促进消费者购买无土栽培农产品。因此，本章假设：

H_{1c}：品牌声誉正向影响购买行为。

经济性与购买行为。经济性指无土栽培农产品定价合理，与普通农产品相比溢价程度不高。安全农产品定价高低直接影响消费者购买决策，高溢价是阻碍安全农产品购买意愿形成的重要因素（Goetzke、Spiller，2014）。当无土栽培农产品市场定价比普通农产品高，尤其是比无公害农产品、绿色农产品等一般安全农产品价格更贵，消费者基于对产品质量和市场价格的综合权衡，则可能选择购买普通农产品或一般安全农产品；反之，无土栽培农产品价格合理，消费者认为无土栽培农产品购买决策是经济可行的，则可能采取购买行为。因此，本章假设：

H_{1d}：经济性正向影响购买行为。

便利性与购买行为。便利性指无土栽培农产品销售渠道网络发达，消费者线上线下购买快捷、省时省力。购买便利性正向显著影响顾客体验（尹世久等，2013），是促成消费者购买行为的重要因素（卢嘉怡，2015）。尽管农贸市场和超市等是仍然当前农村居民购买农产品的重要渠道，但随着农村电子商务发展，农村居民线上购买方兴未艾。无土栽培农产品增加零售网点、创新渠道多样化，可节省消费者购买时间成本和精力成本，促进消费者购买意愿形成。因此，本章假设：

H_{1e}：便利性正向影响购买行为。

促销多样化与购买行为。促销多样化指无土栽培农产品线上线下销售促进形式丰富、动态变化、吸引力强。买赠、打折、满减和抽奖等销售促进活动可满足消费者追求物美价廉、经济实惠的消费心理需求，而节庆促销、主题促销等则可营造良好购物氛围，促成消费者产生冲动型购买行为（周凤杰，2015）。无土栽培农产品是安全农产品中创新程度较高的类别，消费者认知与购买习惯尚未形成，所以，促销多样化程度越高，消费者越乐于尝试购买和食用，因而促销多样化是促进消费者产生购买需求的重要手段。因此，本章假设：

H_{1f}：促销多样化正向影响购买行为。

9.4.2 心理因素对农村居民食品安全购买决策的影响

消费者心理反应包括认知过程、情感过程和意志过程。认知过程是消费者基于感觉、知觉、记性、回忆和再认等心理活动对无土栽培农产品外部特征和内在本质等个别属性信息的获取、加工与存储，为消费者购买动机的形成打下基础（Lin 和 Lo，2016）。情感过程是在认知过程前提下，消费者结合自身偏好、购买经历等对无土栽培农产品是否能满足自己的需要而产生的态度体验，如喜欢和不喜欢、满意和不满意等主观感受。认知过程和情感过程两者相互联系、相互制约，共同形成了消费者购买决策的重要前因（Lorenzo - Romero 等，2016）。

概念认知与购买行为。概念认知指消费者对无土栽培农产品的概念认知程度。产品概念是企业想要注入消费者脑海中关于产品的主观意念，即向消费者简单明了地介绍产品。消费者对有机食品的认知水平越高，会更愿意购买有机食品（Magistris、Gracia，2008；Stobbelaar 等，2007；Mceachern 等，2005）。徐文成（2017）研究发现消费者对有机食品概念和属性知之甚少，对有机认证标志和认证机构的不太了解，一定程度上阻碍了有机食品消费。消费者对产品概念的认知度越高，越能了解产品的特点和产品能满足自身哪些需求，消除对产品片面了解时产生的误解。如果消费者对无土栽培农产品概念认知度越高，则越能了解到无土栽培农产品具有安全、环保等优点，对于想要购买到安全级别较高农产品的消费者而言，他们会更愿意购买无土栽培农产品。因此，本章假设：

H_{2a}：概念认知正向影响购买行为。

质量安全感知与购买行为。质量安全感知是影响消费者安全农产品购买决策的重要因素之一。例如，对冰鲜鸡加工流程认知、产品安全感知程度等因素显著影响冰鲜鸡消费者购买意愿（文晓巍等，2015）。消费者对农产品质量安全感知程度越高，越有利于降低消费者农产品购买过程中的感知风险。当消费者对无土栽培农产品质量安全性综合评价较高时，则消费者对无土栽培农产品购买和食品的顾虑越少，有利于促成消费者购买。因此，本章假设：

H_{2b}：质量安全感知正向影响购买行为。

价值认同与购买行为。价值认同指消费者认同购买无土栽培农产品可以产生生态效益的消费观念。感知价值影响消费者安全农产品购买意愿和顾客满意度（Cronin 等，1997）。随着消费者健康素养不断提高，消费者安全农产品消费理念逐渐形成，消费者在购买农产品时既关注农产品质量和口感，也关注农产品生产和销售过程中产生的环境效益和社会效益。当消费者认可购买无土栽培农产品有利于保护环境、促进生态平衡时，则消费者更可能产生农村居民食品安全购买决策。因此，本章假设：

H_{2c}：价值认同正向影响购买行为。

体验与购买行为。基于心理反应的综合视角，体验对安全农产品消费者购买行为有显著影响（张蓓等，2014）。线上线下零售环境和销售人员的服务态度，会让消费者产生不同的购物体验，好的购物体验能够有效刺激消费者产生购买欲望。消费者在购买无土栽培农产品过程中感到轻松、愉快和情感满足，将促进消费者购买行为的形成。因此，本章假设：

H_{2d}：体验正向影响购买行为。

偏好与购买行为。偏好指消费者对特定的产品、商标或商店产生特殊的信任，习惯重复地前往特定的商店购买，或购买同一商标或种类的产品。偏好影响消费者食品安全购买行为，例如消费者对传统土耕农产品已然形成的购买偏好（Tobin 等，2012）。消费者对无土栽培农产品产生信任并形成购买习惯，可能促进消费者购买无土栽培农产品。因此，本章假设：

H_{2f}：偏好正向影响购买行为。

9.4.3 个体因素对农村居民食品安全购买决策的影响

性别与购买行为。在有机农产品购买情境下，男性消费者更愿意购买，在购买决策中表现出更积极的态度（冯洪斌，2013）。由于性别差异，消费者在购买安全农产品过程中关注重点存在差异。具体而言，女性消费者更关注安全农产品外观、颜色和包装等外在因素，而男性消费者更着重考虑产品安全农产品标签、可追溯条码等具体信息。因此，本章假设：

H_{3a}：性别与购买行为显著相关。

年龄与购买行为。一方面，不同年龄的消费者有着不同的消费需求和偏好，并随着年龄的变化而呈现动态变化趋势。例如，年轻消费者更愿意尝试和接受新上市产品，而老年消费者对健康、养生、保健需求更大，会更愿意购买质量安全农产品。另一方面，消费者随着年龄增长，购买经历越来越丰富，健康素养水平不断提升。例如，年龄偏大的消费者更有可能购买有机食品（Szakály 等，2012）。在无土栽培农产品购买情境下，消费者年龄差异可能对购买决策产生影响。因此，本章假设：

H_{3b}：年龄与购买行为显著相关。

文化程度与购买行为。文化程度指消费者受教育程度，如学历水平高低等。受教育程度越高的消费者，对安全农产品认知程度相应越高，对食品安全风险规避意识越强，对健康保健需求越明显，因此购买安全农产品的可能性也越大（杨伊依，2012）。进一步而言，文化程度较高的消费者，具有较强的食品质量安全和食品营养安全信息的获取和甄别能力，对无土栽培农产品质量可靠性和安全性有着全面的、深入的理解，基于理性需求而产生购买意愿和购买行为。因此，本章假设：

H_{3c}：文化程度与购买行为显著相关。

家庭结构与购买行为。家庭结构指消费者家庭中是否有老人或小孩。尤其在我国一线城市，家庭中有老人或小孩的消费者更加关注老人或小孩的健康，更倾向于购买有机食品等（陈新建等，2014）。同样地，随着城乡一体化进程推进、乡村振兴战略实施等，家庭结构在农村居民食品安全购买决策中也扮演着越来越重要的角色。有老人或小孩的家庭中，消费者很可能愿意购买安全级别更高的无土栽培农产品。因此，本章假设：

H_{3d}：家庭结构与购买行为显著相关。

家庭月收入与购买行为。家庭月收入指消费者平均每月家庭收入。收入水平对安全农产品购买意愿具有显著正向影响（廖勇锋，2016）。相对于普通农产品而言，无土栽培农产品投资和生产成本较高，导致其售价也较高。家庭月收入高的消费者，对无土栽培农产品价格承受力较强，有利于促使消费者购买。因此，本章假设：

H_{3e}：家庭月收入与购买行为显著相关。

研究模型见图 9-1。

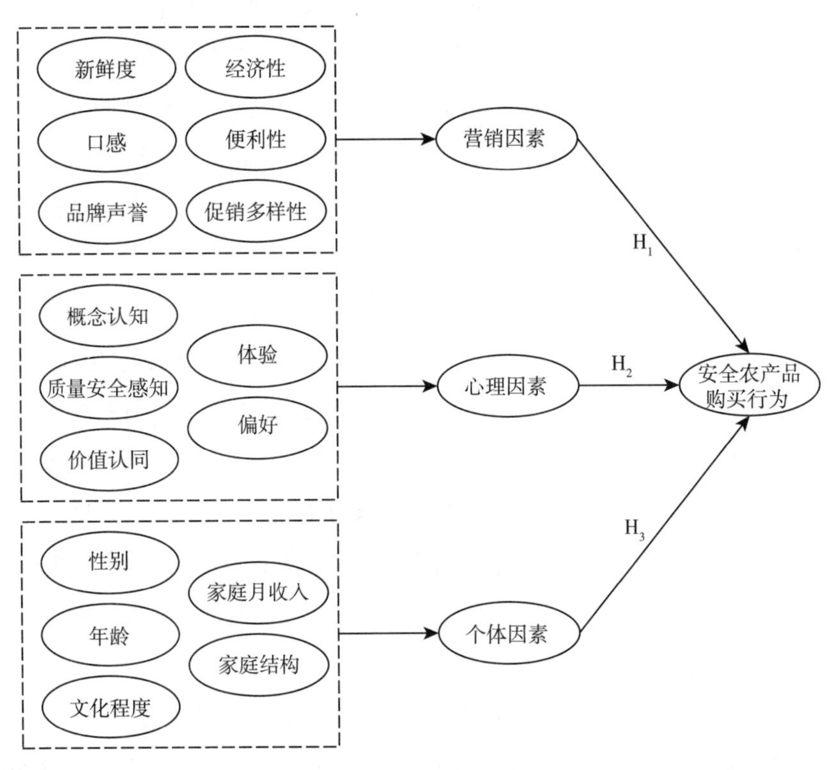

图 9-1 研究模型

9.5 数据来源及样本特征

9.5.1 数据来源

本章所采用的数据由华南农业大学经济管理学院本科生和研究生于2018年10月至2019年1月对梅州市农村地区消费者农村居民食品安全购买决策的抽样调查。调查采用问卷访谈形式进行，主要通过问卷星发放调查问卷。调查充分考虑了样本的分散性和随机性，调查地点主要选取在梅州市内梅江区、梅县区和兴宁市等周边农村地区超市、农贸市场和居民生活区附近，调查对象涵盖了不同性别、年龄、文化程度、职业和家庭收入的消费者。发放调查问卷共计350份，回收问卷341份，回收率为97.4%。剔除无效问卷后得到有效问卷327份，有效率为95.8%。近年来，梅州农业产业化进程加快，大力发展精致高效农业，引进无土栽培等“菜篮子”无公害生产技术。当前，梅州本土无土栽培农产品有梅江区绿得鲜甜瓜、樱桃番茄、“博收607”奶油南瓜、丰顺水耕菜、有机质甜白菜等，并在梅州市大润发购物中心、卜蜂莲花购物中心等建设无土栽培农产品销售专柜。随着梅州城乡一体化进程加快，农村居民收入水平不断提高、消费结构不断优化，农村居民安全农产品消费潜力增强。由此，选择梅州农村地区农村居民作为调研对象，具有一定代表性。

9.5.2 样本特征

调查问卷的基本特征详见表9-1。在327名受访者中，女性占55.4%，18～50岁的消费者占68.2%，具有大学或研究生以上文化程度的消费者占61.8%，家庭平均月收入5 001元以上的消费者占79.5%，家庭中有老人或有小孩的消费者占85.9%。可见，受访者多为中青年消费者，文化程度较高，收入较为稳定，是无土栽培农产品的现实和潜在消费群体，对调查问卷内容有较好的理解与把握，因此调查数据具有较高的代表性和可信度。

表 9-1　样本特征统计（N=327）

变量	选项	数量	比例（%）
性别	男	146	44.6
	女	181	55.4
年龄（岁）	18 以下	16	4.9
	19～35	121	37.0
	36～50	102	31.2
	51～65	80	24.5
	66 以上	8	2.4
文化程度	初中或以下	40	12.2
	高中	85	26.0
	大学	182	55.7
	研究生或以上	20	6.1
家庭月收入（元）	<5 000	67	20.5
	5 001～10 000	132	40.4
	10 001～15 000	59	18.0
	>15 001	69	21.1
家庭结构	没有老人和没有小孩	46	14.1
	有老人或有小孩	281	85.9

9.6　农村居民食品安全购买决策的描述性分析

9.6.1　影响农村居民食品安全购买决策的营销因素

调查结果表明，58.7%的被访者认为无土栽培农产品新鲜度比普通农产品更好，可见，消费者对无土栽培农产品新鲜程度较为认可，这可能是因为目前无土栽培农产品“现采现卖”的原因；仅有 23.9%的被访者认为无土栽培农产品口感比普通农产品更好，由此推断，大部分消费者对无土栽培农产品口感持否定或不确定的态度；97.9%的被访者表示不认同或不太认同无土栽培农产品品牌声誉，可见无土栽培农产品品牌知名度和美誉度较低，品牌关系质量不尽人意，这可能与企业品牌建设与推广力度不足有关；89%的被访者认为无土栽培农产品市场价格偏贵，大部分消费者认为无土栽培农产品定价不合理消费不经济，消费者尚未形成“优质优价”的消费理念；仅有36.7%的被访者认为无土栽培农产品购买渠道方便，在购买过无土栽培农产品消费者群体中，93.3%的消费者选择在大超市购买无土栽培农产品，仅8.9%的消费者选择网上购买，这说明无土栽培农产品销售线上线下融合程度有待提高；仅有12.8%的被访者认为无土栽培农产品经常进行打折、买赠等多样化促销活动，可见无土栽培农产品整合营销传播效果不理想，无法满足消费者需求。

9.6.2 影响农村居民食品安全购买决策的心理因素

仅有14.7%的被访者表示了解无土栽培农产品概念、原理和效用等，根据实地访谈结果，大部分消费者表示知道无土栽培农产品是不依靠土壤种植的农产品，生活中也见过或者买过无土栽培农产品，但对无土栽培农产品的具体概念、生产流程、优势特点等并不了解，这可能与政府、企业、学校、媒体等科普宣传和推广不足有关；仅有22.6%的被访者认为无土栽培农产品比普通农产品更安全、更可靠，可见消费者对无土栽培农产品质量安全信任度不高；有42.5%的被访者认同购买无土栽培农产品可产生生态效益，可能由于这部分消费者社会责任感较强，较为关心生态环境可持续发展；82%的被访者对无土栽培农产品购买体验表示否定或者不确定，也就是说仅有极少数消费者认为无土栽培农产品购买过程是愉快的；最后，仅有10.1%的被访者表示对无土栽培农产品没有形成购买偏好。

9.6.3 农村居民食品安全购买决策

关于消费者对农村居民食品安全购买决策，有59.3%的被访者表示“购买”安全性较高的无土栽培农产品，40.7%的消费者表示“不购买”，可见相当一部分消费者对无土栽培农产品有购买动机。可能是随着家庭收入的提高，消费者倾向于选择购买无土栽培农产品。

9.7 农村居民食品安全购买决策影响因素的实证分析

9.7.1 变量及模型

本章采取影响消费者购买无土栽培农产品的营销因素、心理因素和个体因素的 16 个指标作为解释变量（X），以农村居民对农村居民食品安全购买决策作为被解释变量（Y），采用二元 Logistic 回归模型进行参数估计。具体变量及其取值和定义如表 9－2 所示。

表 9－2 模型中变量的定义

	变量名称	变量定义
营销因素	对无土栽培农产品新鲜度的认可程度（X_1）	认可＝1，不认可＝0
	对无土栽培农产品口感的认可程度（X_2）	认可＝1，不认可＝0
	对无土栽培农产品品牌声誉的认可程度（X_3）	认可＝1，不认可＝0
	对无土栽培农产品经济性的认可程度（X_4）	认可＝1，不认可＝0
	对无土栽培农产品购买便利性的认可程度（X_5）	认可＝1，不认可＝0
	对无土栽培农产品促销多样性的认可程度（X_6）	认可＝1，不认可＝0
心理因素	对无土栽培农产品概念认知程度（X_7）	认可＝1，不认可＝0
	对无土栽培农产品质量安全感知程度（X_8）	感知＝1，不感知＝0
	对无土栽培农产品价值认同程度（X_9）	认同＝1，不认同＝0
	对无土栽培农产品体验愉悦程度（X_{10}）	愉悦＝1，不愉悦＝0
	对无土栽培农产品偏好程度（X_{11}）	偏好＝1，不偏好＝0
个体因素	性别（X_{12}）	男＝1，女＝0
	年龄（X_{13}）	＜18 岁＝1，18～35 岁＝2，36～50 岁＝3，51～65 岁＝4，＞66 岁＝5
	文化程度（X_{14}）	初中或以下＝1，高中＝2，大学＝3，研究生或以上＝4

（续）

	变量名称	变量定义
个体因素	家庭月收入（X_{15}）	5 000 元以下＝1，5 001～10 000元＝2，10 001～15 000元＝3，15 001 元以上＝4
	家庭结构（有无老人和小孩）（X_{16}）	有＝1，无＝0
购买行为	对无土栽培农产品的购买行为（Y）	购买＝1，不购买＝0

Logisitic 模型表达式为：

$$P_n \frac{1}{1+\exp[-(b_0+b_1x_1+b_2x_2+b_3x_3+\cdots+b_nx_n)]} \tag{9-1}$$

（9－1）式中，P_n 表示被解释变量；b_0 表示常数项；b_1、b_2、b_3、…、b_n 表示估计系数；x_1、x_2、x_3、…、x_n 为解释变量。

9.7.2 模型回归结果

基于上述实证模型，本章运用 SPSS 18.0 统计软件对以上被解释变量和解释变量数据进行 logistic 回归分析，对变量筛选方法为强迫进入法，变量参数检验方法采用 Wald 检验，直接将全部变量纳入回归模型中，研究多个变量对农村居民食品安全购买决策的影响，所得的估计结果如表 9－3 所示，模型的估计的整体显著性水平较高。

表 9－3 农村居民食品安全购买决策回归模型分析结果

自变量	参数 B	S. E.	Wald	Sig.	Exp（B）
对无土栽培农产品新鲜度是否认可（以否为对照组）（X_1）	−0.118	0.236	0.249	0.618	0.889
对无土栽培农产品口感是否认可（以否为对照组）（X_2）	1.316***	0.318	17.159	0.001	3.727
对无土栽培农产品品牌声誉是否认可（以否为对照组）（X_3）	1.632***	0.427	14.608	0.016	5.112

（续）

自变量	参数 B	S. E.	Wald	Sig.	Exp（B）
对无土栽培农产品经济性是否认可（以否为对照组）（X_4）	1.666***	0.278	35.924	0.007	0.189
对无土栽培农产品购买便利性是否认可（以否为对照组）（X_5）	2.969***	0.539	30.377	0.010	19.476
对无土栽培农产品促销多样性是否认可（以否为对照组）（X_6）	1.525**	0.504	9.151	0.002	4.597
对无土栽培农产品概念是否认知（以否为对照组）（X_7）	0.747*	0.310	5.808	0.016	2.112
对无土栽培农产品质量安全是否感知（以否为对照组）（X_8）	0.819*	0.320	6.537	0.011	2.269
对无土栽培农产品价值是否认同（以否为对照组）（X_9）	−0.117	0.262	0.200	0.655	0.889
对无土栽培农产品体验是否愉悦（以否为对照组）（X_{10}）	1.015**	0.296	11.724	0.001	2.758
对无土栽培农产品是否形成偏好（以否为对照组）（X_{11}）	0.930*	0.365	6.511	0.011	2.536
性别（以女性为对照组）（X_{12}）	0.390	0.443	0.774	0.379	1.476
年龄（以 61 岁以上为对照组）（X_{13}）	−0.510*	0.248	4.216	0.040	0.601
文化程度（以研究生或以上为对照组）（X_{14}）	0.794*	0.308	6.639	0.010	2.211
家庭月收入（以 15 001 元以上为对照组）（X_{15}）	−0.158	0.214	0.546	0.460	0.854
家庭中有无老人和小孩（以无为对照组）（X_{16}）	1.602*	0.701	5.228	0.022	4.964
是否愿意购买无土栽培农产品（以否为对照组）（Y）	3.350***	0.627	30.014	0.001	28.506
常数项	−14.059	2.488	31.929	0.000	0.000

注：①模型检验结果：卡方检验值为 289.818，自由度为 16，显著性概率为 0.000；−2 倍的对数似然值=152.054；Cox - Snell R^2=0.588；Nagelkerke R^2=0.793。②*表示在 0.05 水平上显著；**表示在 0.01 水平上显著；***表示在 0.001 水平上显著；EXP（B）等于发生比率，可以测量解释变量一个单位的增加给原来的发生比率带来的变化。

表9-3中的Logistic模型回归结果表明：农村居民对无土栽培农产品购买便利性、经济性、品牌声誉、口感的认可程度及无土栽培农产品购买意愿是影响农村居民食品安全购买决策的最显著因素；农村居民对无土栽培农产品促销多样性的认可程度及对无土栽培农产品的体验愉悦度是影响农村居民食品安全购买决策的较显著因素；农村居民对无土栽培农产品的概念认知程度、质量安全感知情况、偏好情况以及农村居民自身年龄、文化程度及家庭中老人和小孩的情况是影响农村居民食品安全购买决策的显著因素。此外的其他变量均不显著。

从营销因素来看，口感（1.316）、品牌声誉（1.632）、经济性（1.666）、购买便利性（2.969）和促销多样性（1.525）对农村居民食品安全购买决策有显著影响。其中，购买便利性是最重要的影响因素，其次是经济性、品牌声誉和口感，促销多样性的影响相对较小。然而，新鲜度对农村居民食品安全购买决策无显著影响。这表明，在农村居民购买无土栽培农产品过程中，重点考虑购买是否方便，价格是否合理，品牌是否值得信赖以及口感是否好，促销组合策略也可促成无土栽培农产品购买决策。

从心理因素来看，概念认知（0.747）、质量安全感知（0.819）、体验（1.015）和偏好（0.930）对农村居民食品安全购买决策有显著影响。其中，相对于概念认知、质量安全感知和偏好而言，体验对农村居民食品安全购买决策的促进作用更显著。然而，价值认同对消费者购买行为没有显著影响。由此可见，消费者接受无土栽培农产品概念，确信无土栽培农产品是质量安全可靠的，并且在无土栽培农产品购买过程中感到轻松愉快，并不断提升产品卷入度形成购买习惯和偏好，则消费者将会持续购买无土栽培农产品。

从个体因素来看，年龄（—0.510）、文化程度（0.794）、家庭结构（1.602）对农村居民食品安全购买决策有显著影响。年龄与购买行为负相关，这表明，相对于年长消费者而言，年轻消费者创新性较强，在好奇心和追求时尚的消费心理驱动下，更愿意购买无土栽培农产品。文化程度与购买行为正相关，这表明，文化程度较高的消费者拥有较丰富的安全农产品科普知识，从而更容易理解和接受无土栽培技术，所以更愿意购买无土栽培农产品。家庭有老人或小孩的消费者往往更关注健康素养提升，更愿意购买安全农产品，更可能接受无土栽培农产品。性别和家庭月收入对无土栽培农产品消费者购买行为没有显著的影响。

9.8 结论与政策建议

9.8.1 结论

本章在构建农村居民食品安全购买决策理论模型基础上，建立了包括营销因素，心理因素、个体因素和购买行为的回归模型。实证分析农村居民食品安全购买决策形成机理，得出的主要研究结论如下：

第一，多数农村居民不认可无土栽培农产品的新鲜程度，但是农村居民普遍认可购买无土栽培农产品的便利程度。大多数农村居民认为无土栽培农产品具有较高的经济性、良好的无土栽培农产品品牌声誉、多样化的促销手段以及鲜美丰富的口感。

第二，大部分农村居民已经对无土栽培农产品的概念有了明确的认知，同时，对无土栽培农产品质量安全感知情况较好，但多数农村居民对无土栽培农产品可以产生生态效益的消费观念认同程度不足。此外，农村居民普遍对无土栽培农产品购买体验感到愉悦、已经形成了既定的农村居民食品安全购买决策偏好。

第三，农村女性消费者更倾向做出农村居民食品安全购买决策，年龄中等或偏大的农村居民无土栽培农产品购买概率高于年轻农村居民。文化程度较低、家庭月收入水平较高的农村居民无土栽培农产品购买概率较高。同时，家庭有老人和小孩的农村居民更倾向于购买无土栽培农产品。

第四，农村居民对无土栽培农产品具有较强的购买意愿。超过一半的农村居民愿意购买无土栽培农产品，并且随家庭收入提高，农村居民倾向选择购买无土栽培农产品，表明农村居民生活水平提高将进一步影响无土栽培农产品的购买意愿。

第五，Logistic 模型回归结果表明，农村居民对无土栽培农产品购买便利性、经济性、品牌声誉、口感的认可程度及无土栽培农产品购买意愿是影响农村居民食品安全购买决策的最显著因素；农村居民对无土栽培农产品促销多样性的认可程度及对无土栽培农产品的体验愉悦度是影响农村居民食品安全购买决策的较显著因素；农村居民对无土栽培农产品的概念认知程度、质量安全感知情况、偏好情况以及农村居民自身年龄、文化程度及家庭中老人和小孩的情况是影响农村居民食品安全购买决策的显著因素。

9.8.2 政策建议

基于本章研究结果，为拉动无土栽培农产品市场需求，促进农村居民购买无土栽培农产品，推动无土栽培农产品产业发展，应采取如下措施：

（1）建设线上线下渠道，创造安全农产品顾客体验价值。研究结果表明，购买渠道便利性对农村居民食品安全购买决策正向显著相关。但调查数据显示，63.3%的农村居民认为购买时不方便。时间是快节奏生活中人们最宝贵的资源，销售网点对于消费者购买的便利程度是无土栽培农产品能否大面积推广的关键要素。一是拓宽销售渠道。生产商既可借助中间商将无土栽培农产品通过各种销售渠道销售给广大农村居民，也可以通过展销会、电视购物、自动售货机、自营门店等直销渠道，直接控制无土栽培农产品的营销，迅速获得消费者的反馈意见。二是发展新零售新电商。大超市是无土栽培农产品的主要销售渠道，可在学校、居民区等人口密集区域附近设立专卖店或直销店，直接销售无土栽培农产品。随着互联网时代到来，生产商既可以建设企业网上商城，也可以借助第二方电商平台开设网上旗舰店、专卖店、自营店等，提升农村居民无土栽培农产品购买便利程度，优化农村居民消费体验。

（2）降低生产成本与组织各种促销活动，提高市场竞争力。研究结果表明，价格合理性和促销多样化对无土栽培农产品消费者购买行为为有显著影响。但从调查数据看，有55%农村居民认为无土栽培农产品价格偏贵，64.8%农村居民不认为促销活动多样化。因此，降低无土栽培农产品价格，组织丰富多样的促销活动，对于提高市场竞争力显得尤为重要。一是降低生产成本。无土栽培农产品价格偏贵大部分原因是前期巨额的生产设备投入和后期精细化生产所需管理费用。生产企业应避免盲目引进昂贵的国外成套设备，理性选择价格适中的国内生产设备，并且通过加强管理、严把技术关，获取很好的经济效益。政府借助补贴、减税、免除安全认证费用等手段帮助无土栽培生产企业降低生产成本，从而降低无土栽培农产品价格，另一方面，政府通过放宽无土栽培生产贷款条件、推广无土栽培技术、免费对农民进行无土栽培生产教育和培训等方法扩大无土栽培农业生产规模，增加无土栽培农产品供给。二是组织各种促销活动。丰富、多样的促销活动可让农村居民感到价格更优惠，有效提升无土栽培农产品的市场竞争力，在市场上建立良好营销局面。

（3）科普宣传教育，培育安全农产品健康消费观念。研究结果表明，农村居民对无土栽培农产品概念认知度对农村居民食品安全购买决策为正向显著相关。但从调查数据看，有85.3%的农村居民表示不了解或者不太了解，可见消费者对无土栽培农产品的认知程度较低。因此，提高农村居民对无土栽培农产品的认知度显得尤为重要。一是加强无土栽培知识的宣传普及。政府和企业应大力推广普及无土栽培相关科学知识，针对不同消费群体特点，采取差异化科普方式，将无土栽培农产品质量安全、新鲜、可以产生良好的生态效益等优点进行有效传播，提高农村居民对无土栽培的认知度。二是引导农村居民培养无土栽培农产品消费观念。部分消费者环保意识不强或者不了解无土栽培农产品，不认同购买无土栽培农产品可以产生生态效益的消费观念。由此，政府应强化无土栽培种植对生态保护促进作用的宣传推广，积极引导农村居民重视环境保护问题，树立购买无土栽培农产品可以产生生态效益的消费理念，形成良好无土栽培农产品消费氛围。此外，农村居民普遍认为无土栽培农产品价格偏高，过高的价格限制着消费者的购买力。政府和企业应引导消费者树立“优质优价”的消费理念，不能单纯依靠价格作为选择购买的标准。

（4）加强市场监管与完善安全认证制度，提高公众认知度。从调查数据看，有85.6%农村居民不了解或者不太了解无土栽培农产品安全认证。当前，农村居民和生产商都对农产品安全认证制度多采取漠不关心的态度，且现行安全认证种类繁杂多样，导致公众对无土栽培农产品安全认证认知度不高。因此，亟须强化市场监管与完善安全认证制度，提高公众对安全认证的认知度。一是加强市场监管。政府要制修订无土栽培农产品的产前、产中、产后各个环节的工艺流程和衡量标准，强化对无土栽培农产品的质量监督管理；做好监管流程、资源、手段的集成创新和优化，提升监管能力，加大对违法企业或个人的处罚力度，形成强烈震慑。二是完善安全认证制度。政府要积极探索“三品一标”、食品安全追溯体系等安全认证的融合，降低农村居民产品质量安全信息搜寻成本，从而提升农村居民安全认证产品的信任程度；政府可以出台农产品质量安全认证的相关奖补政策，鼓励企业积极申报认证；认证中心要做好申请企业、基地和农产品的质量安全认证，加强安全认证标识的加贴和管理，做到凭证进入市场。三是提高公众对安全认证的认知度。政府和企业加大推广宣传农产品质量安全认证知识的力度，提高公众对绿色农产品、无公害农产品、有机农产品和农产品地理标准等安全优质农产品公共品牌的认知、识别能力。

（5）技术研发推广，提升安全农产品整体综合质量。一是加强无土栽培技术研发创新。加强与国外的技术交流与合作，学习借鉴如美国、日本、荷兰等国家的先进无土栽培生产技术；加强与国内大学及相关研究机构的合作与联系，建立生产和研究平台，针对在生产和销售过程以及技术研发过程中出现的问题进行沟通，不断推进技术研发创新。二是加强无土栽培推广应用。政府可以通过政策上的倾斜，积极引导企业和专业合作社、农民扩大无土栽培种植；政府和企业可以聘请专家学者为农民进行无土栽培种植技术的指导和培训。三是提高无土栽培农产品质量安全性和口感。生产企业要制定严格的无土栽培生产技术规范，强化员工技术培训，严格控制生产过程安全性，提升无土栽培农产品的产量和质量安全；生产企业要加强市场调研，了解农村居民需求，研发出新品种、新口味以满足不同消费者对无土栽培农产品的不同口感要求，从而提升农村居民对无公害猪肉的信任程度和购买意愿。

（6）开展品牌整合营销传播，提高安全农产品品牌关系质量。研究结果表明，农村居民的年龄、文化程度和家庭结构、购物体验、购买偏好、产品品牌认知度等因素对无土栽培农产品消费者购买行为有显著影响。但从调查数据看，有78.3%的农村居民没有获得愉快的购物体验，有97.8%的农村居民不了解或不太了解无土栽培农产品品牌。因此，可以将年轻的、文化程度较高的、家庭里有老人或小孩的和对无土栽培农产品有偏好的消费群体作为重要的销售对象，销售过程要注重营造良好的购物氛围，提高顾客的购物体验，企业还要加强无土栽培农产品品牌建设。一是开展大数据营销。依托多个平台的大数据采集，通过大数据技术精准分析与预测具有消费潜力的消费群体，并通过短信、农村LED屏等，将广告精准有效投给目标群体。二是提升顾客体验。在零售现场通过系列主题活动，为农村居民提供愉快、难忘的购买体验；通过“农业＋旅游”模式，发展无土栽培休闲观光农业项目，让消费者来到农村无土栽培基地亲近大自然、体验农耕文化，品尝无土栽培农产品。三是提高无土栽培农产品品牌意识和信誉。要建立健全政府引导、企业为主体、社会组织参与的品牌创建机制；要优化无土栽培农产品品牌运行环境，建立健全“品牌认证、品牌扶持、品牌保护、品牌仲裁”机制和制度；要善于挖掘无土栽培农产品品牌的文化内涵，实现与消费者之间的情感沟通，塑造品牌人文形象；要充分利用传统媒体和微博、微信等新媒体全面展现无土栽培农产品品牌形象，提高农产品品牌的知名度和美誉度。

9.9 本章小结

本章基于消费者行为理论，从营销因素、心理因素、个体因素和购买行为综合视角，构建农村居民食品安全购买决策研究模型。通过对梅州市农村地区消费者对农村居民食品安全购买决策的调查，采用 Logistics 回归分析方法，分别对消费者购买行为进行描述性统计分析，对影响消费者购买行为的因素进行计量分析。实证结果表明，农村居民对无土栽培农产品购买便利性、经济性、品牌声誉、口感的认可程度及无土栽培农产品购买意愿是影响农村居民食品安全购买决策的最显著因素；农村居民对无土栽培农产品促销多样性的认可程度及对无土栽培农产品的体验愉悦度是影响农村居民食品安全购买决策的较显著因素；农村居民对无土栽培农产品的概念认知程度、质量安全感知情况、偏好情况以及农村居民自身年龄、文化程度及家庭中老人和小孩的情况是影响农村居民食品安全购买决策的显著因素。

10 电商扶贫农产品消费者重购意愿

10.1 研究背景

电商扶贫指在扶贫工作中，政府、企业等帮扶主体以电子商务为载体和手段，通过提高电商对扶贫的带动力和精准度，改善扶贫绩效，助力实现脱贫目标的理念与行动（汪向东等，2015）。2014 年国务院扶贫办将电商扶贫工程列为精准扶贫十大工程之一，推动贫困地区开展电商扶贫试点；2016 年国务院颁布《十三五脱贫攻坚规划》，推进农村电子商务在脱贫攻坚任务中拓展特色农产品销售渠道；2018 年中国扶贫开发协会实施《电商精准扶贫三年行动计划》，融合“互联网+”新兴模式搭建贫困地区特色优质农产品上行渠道。2019 年我国农村网络零售额为 1.7 万亿元，对比 2014 年销售额，规模总体扩大 8.4 倍；农产品网络零售额为 3 975 亿元，同比增 27%；贫困县网络零售额达到 2 392 亿元，同比增长 33%。当前，我国贫困地区优质农产品面临无法运出、销售困难、价格不高等窘境（人民日报，2020），电商扶贫有助于拓宽农产品销售渠道，增强农民脱贫致富能力。然而，电商扶贫农产品品质高低不一、物流体系不完善、农产品溯源技术不发达（王鹤霏，2018），导致消费重购意愿不高。消费者是电商扶贫农产品的需求主体，推动电商扶贫农产品市场流通必须依靠消费者重复购买。由此，研究电商扶贫农产品消费者重复购买意愿形成机理，既是新业态下解决电商扶贫发展问题的现实需要，更是有效推进精准扶贫战略实施，实现农村经济稳健发展的关键。

基于感知风险理论与感知价值理论双重视角对电商扶贫农产品消费

者重购意愿进行深层次探讨。感知风险是在产品购买过程中，消费者因无法预料购买结果及由此导致的后果而产生不确定性，在消费者购买决策中起到重要作用（Liao 等，2010）。感知价值指消费者在权衡所得和所失的基础上，对产品或服务效用的总体评价，感知价值高低与消费者重复购买产品或服务的可能性密切相关（Kim 等，2013）。由此，感知风险与感知价值理论适用于电商扶贫农产品消费者重购意愿研究。感知风险可从经济风险、质量风险、身体风险、心理风险、社会风险和供应风险等维度考量。其中，质量风险指产品无法满足消费者最初预期的产品标准、性能与质量的可能性（Ariffin 等，2018）；供应风险指在产品供应过程中发生事故的可能性，如供应商失灵、加工误差等无法满足消费者需求（George，2003）；社会风险指消费者对所购买产品的感知判断造成家人、朋友或社区间的不满，以及对自我形象的顾虑（Dowling、Staelin，1994）。感知价值可从价格价值、质量价值、情感价值、社会价值等方面评价。价格价值是消费者对所考虑产品的价格可接受性、吸引力和价值进行的评估（Wang，2013）；公益价值指消费者积极认识和参与相关公益购买活动的心理倾向，是一种责任体现（刘炼等，2019）；服务价值指消费者在购买活动中对无形的服务质量好坏进行综合评估的过程（Boxer、Rekettye，2011）。因此，基于感知风险和感知价值复合视角，从质量风险、供应风险、社会风险、价格价值、公益价值和服务价值研究电商扶贫农产品消费者重购意愿影响因素。其次，基于信任研究感知风险、感知价值与电商扶贫农产品消费者重购意愿的中介因素。信任指一方对另一方不进行机会主义行为的期望，信任的形成可以促进消费者克服并降低网购过程中的感知风险并增加感知价值，是解释消费者重购意愿的关键因素（Chiu 等，2012）。信任程度越高，越能促进消费者重购意愿。由此，信任可能在感知风险、感知价值与电商扶贫农产品消费者重购意愿间因果关系产生中介作用。最后，研究社会责任在感知风险、感知价值与信任间因果关系的调节作用。消费者社会责任暗示着消费者群体的偏好和欲望是造成道德或社会因素影响力增强的部分原因（Caruana、Chatzidakis，2014）。社会责任指在购买电商扶贫农产品时，消费者基于个人扶贫公益情怀与慈善道德信念而做出有意识和刻意的消费选择。Roberts（1995）将具有社会责任感的消费者解释为使用其购买力来表达其当前社会责任的消费者。由此，社会责任可能对感知风险、感知价值与信任间因果关系产生影响。

因此，基于感知风险理论与感知价值理论，以感知风险、感知价值为前因变量，信任为中介变量，社会责任为调节变量，建立电商扶贫农产品消费者重购意愿模型，通过问卷调查法获取数据样本，实证分析电商扶贫农产品消费者重购意愿形成机理。本章贡献主要是：第一，以电商扶贫农产品为研究情境和主题，探索性地研究感知风险、感知价值对电商扶贫农产品消费者重购意愿的综合作用机制，弥补了以往研究成果较少涉及电商扶贫农产品研究的空白，对促进新零售新电商背景下电商扶贫产业可持续发展尤为重要。第二，引入信任作为中介变量，社会责任作为调节变量，揭示电商扶贫农产品消费者重购意愿形成的深层次规律，推进了电商扶贫农产品消费者重购意愿的模型化、定量化研究。立足新零售新电商背景下，研究电商扶贫农产品消费者重购意愿形成机理，为促进电商扶贫农产品市场销售，加快农村供给侧结构性改革，推进电商扶贫产业可持续发展提供理论依据及建议参考。

10.2 研究假设

10.2.1 感知风险对重购意愿的影响

消费者对产品风险感知会影响其购买决策，消费者对感知风险较小的产品产生信任并增加重购意愿，且感知风险是重复购买意愿的负面影响因素。Kaplan 等（1974）研究表明感知风险包括经济风险、质量风险、身体风险、心理风险和社会风险。随着互联网发展，Lim（2003）对感知风险维度增加个人风险、隐私风险、供应来源风险等内容。本章将感知风险的维度分为质量风险、供应风险和社会风险。质量风险指产品无法满足消费者最初预期的产品标准、性能与质量的可能性（Ariffin等，2018）。供应风险指供应市场的内向供应相关事故发生的概率，其结果导致无法满足消费者需求（Lim，2003）。在产品供应过程中，若存在供应商失灵、加工误差等无法满足消费者需求的风险，会影响消费者对该产品的消费决策。社会风险指消费者对所购买产品的感知判断造成家人、朋友或社区间的不满，以及对自我形象的顾虑。社会风险感知将有可能导致消费者产生消极的情绪，如尴尬、不满等，进而导致重购意愿的降低（Kim 等，2009）。据此，提出假设：

H_1：感知风险对重购意愿有负向显著影响。

10.2.2　感知价值对重购意愿的影响

Sweeney 和 Soutar（2001）提出感知价值包括价格价值、质量价值情感价值和社会价值。Simth 和 Colgate（2007）将感知价值分为功能价值、服务价值表现价值和成本价值。刘炼等（2019）将感知价值归纳为经济价值、公益价值、情感价值、认知价值、和社会价值。本章将感知价值维度分为价格价值、公益价值、服务价值。价格价值是指消费者对所考虑产品的价格可接受性、吸引力和价值进行的评估（Wang，2013）。公益价值是指消费者积极认识和参与相关公益购买活动的心理倾向，是其从中认识到其公益责任的体现（刘炼等，2019）。服务价值是指消费者对无形的服务质量进行感知与评估，是消费者产生满意感受的重要因素（Boxer、Rekettye，2011）。消费者购买中获得感知价值越高，更可能重新购买该产品或服务。Gan 和 Wang（2017）研究发现感知价值中的价格价值、享乐价值、社会价值等维度对消费者的购买意愿起到明显的促进作用。据此，提出假设：

H_2：感知价值对重购意愿有正向显著影响。

10.2.3　信任的中介效应

信任是指一方对另一方不会进行机会主义行为的期望，消费者在网络购买活动中面临更多风险威胁，信任的形成可促进消费者克服并降低网络购物过程中的感知风险，同时增加价值的感知，进而影响其重购购买决策（Chiu 等，2012）。

首先，感知风险负向影响信任的形成，感知价值有利于促进信任的建立。电商从业者对农产品质量品质的把控一定程度上决定了消费者对农产品的信任程度，产品描述不一、质量标准不足等风险降低消费者对农产品信任的形成（张仲雷，2017）。由于供应环节出现供需关系不足、库存不合理、物流冷链故障等风险问题，不利于满足消费者需求及形成消费者信任（胡振、王思思，2020）。消费者因为面临社会风险而面对他人消极反应，如亲戚、朋友等群体不支持或不满其购买行为等，进而导致消费者信任的减少（Jacoby、Kaplan，1972）。Jonge 等（2007）研究得出感知价值对消费者的信任产生正向的影响。价格价值能带来较高的消费者回购率，当产品价格低于消费者参考价格时，其感知到的价值有所提高，进而提高其认知信任。公益价值通过影响消费者公益活动参与行为而有效促进信任与品牌忠诚度的提高（Lafferty、Goldsmith，2005）。消费者在线上购物中感知的服务质量有利于增加消费者的在线信任和在线黏性（郑蔓华等，2020）。据此，提出假设：

H_3：感知风险对信任有负向显著影响。

H_4：感知价值对信任有正向显著影响。

其次，信任的建立有利于促进消费者重购意愿的形成。首次购买产品或服务后，消费者普遍通过调整其对该产品或服务的信任来影响其重购意愿或决策。Brown 和 Jayakody（2008）研究表明信任是影响消费者重购意愿的重要因素。申姝红（2018）研究得出通过增加消费者的信任，能够有效增强消费者的重购意愿，信任是消费者产生重购意愿的重要原因。据此，提出假设：

H_5：信任对重购意愿有正向的显著影响。

最后，消费者在购买决策过程中，通常被描述为以目标为导向，其购买决定是通过权衡其利得和利失后决定，该权衡的过程即是消费者对产品或服务的感知过程（Zeithaml，1988）。消费者会以最小的感知风险作为其购买决策的原则之一，同时通过有效的措施降低感知风险，增加其价值的感知，促进信任的形成，进而激发消费者重购意愿。由此，当消费者购买电商扶贫农产品时，认为感知到质量风险、供应风险及社会风险越低，感知价格价值、公益风险及服务价值越高，将产生信任从而促成重购意愿。据此，提出假设：

H_6：信任在感知风险、感知价值与重购意愿因果关系中具有中介效应。

H_{6a}：信任在感知风险与重购意愿因果关系中具有中介效应。

H_{6b}：信任在感知价值与重购意愿因果关系中具有中介效应。

10.2.4 社会责任的调节效应

社会责任暗示着消费者群体偏好和欲望是造成道德或社会因素影响力增强的部分原因（Caruana、Chatzidakis，2014）。本章研究情境下社会责任指消费者购买电商扶贫农产品时基于个人公益扶贫情怀与慈善道德信念而做出有意识和刻意的消费选择。就感知风险而言，相对于社会责任较低的消费者而言，当社会责任较高的消费者面临风险威胁时，更容易减少悲观等消极情绪的产生，对产品保持信任以及乐观的态度（Delmas、Burbano，2011）。换言之，当社会责任较高时，感知风险对信任的反向作用更明显。

就感知价值而言，消费者因为社会责任而增加其对产品或服务的价值感知，进而提高对该产品或服务的信任程度（Green、Peloza，2011）。相对于社会责任较低的消费者而言，社会责任较高的消费者对电商扶贫农产品感知到的价值和评价更高，对电商扶贫农产品的抵触或防范情绪更少，进而有效增强信任程度。当社会责任较高时，感知价值对信任的正向作用更明显。

H_7：社会责任在感知风险与信任因果关系中起正向调节作用。

H_8：社会责任在感知价值与信任因果关系中起正向调节作用。

基于感知风险理论和感知价值理论，以信任为中介变量，社会责任为调节变量，探讨电商扶贫农产品消费者重购意愿的形成机理。在文献回顾和理论分析基础上提出假设，运用结构方程技术，采用问卷调查形式，实证检验质量风险、供应风险、社会风险、价格价值、公益价值及服务价值等前因变量对消费者重购意愿的作用，以及信任在感知风险、感知价值与重购意愿间因果关系的中介作用；社会责任对感知风险、感知价值与信任间因果关系的调节效应，分析电商扶贫农产品消费者重购意愿的形成机理。

因此，本章构建电商扶贫农产品消费者重购意愿研究模型，如图10－1所示。

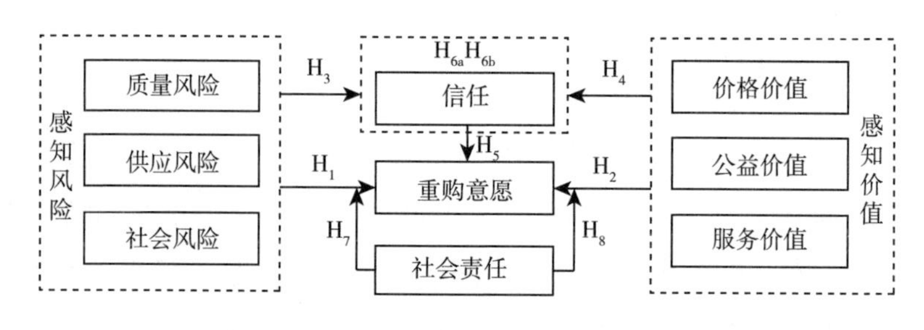

图10－1　研究模型

10.3 研究设计

10.3.1 案例选择

为对上述电商扶贫农产品消费者重购意愿模型进行实证检验，本章通过问卷调查法进行样本采集，问卷背景基于消费者通过淘宝电商平台（以下简称“淘宝”）购买电商扶贫农产品展开。2009年淘宝创立“淘宝村”后服务我国农村市场；2019年淘宝以2 000亿元的农产品交易额成为我国最大的农产品上行电商平台；同年，淘宝启动“亩产一千美金”计划，协调供需两端，实现“电商扶贫要让农民真正赚到钱”。迄今为止，淘宝已助力 832 个国家级贫困县进行电商农产品销售，销售金额已超 3 100 亿元，而 2020 年前三季度电商销售额同比 2016 年增幅超 200%。消费者可点击淘宝“天猫正宗原产地”“聚划算百亿补贴”等链接，或在淘宝主页搜索“吃货助农”可进入“爱心助农计划”销售专区购买来自甘肃、贵州、山西和四川等贫困地区的扶贫农产品，种类涵盖蔬菜、水果、蛋品和水产等品种，如广西百香果、库尔勒香梨、云南雪莲果等。此外，消费者也可通过淘宝芭芭农场“集阳光兑好礼”“齐心协力种果树”等免费领水果线上互动游戏，逐渐形成扶贫农产品消费习惯与偏好，促进电商扶贫农产品消费者重复购买。例如，芭芭农场“湖南麻阳冰糖橙”产品规格为 1.5 千克，原价 13.8 元，参与线上互动游戏获得积分后 5.8 元兑换购买。本章问卷调查以淘宝电商扶贫农产品消费者重购意愿为案例情境，具有较强的代表性和说服力。

10.3.2 数据搜集和研究样本

2020 年 11 月，借助问卷星网站制作调查问卷，并通过微信、微博、QQ 等社交媒体平台进行发布邀请消费者参与在线调查，获取本章实证数据。共回收在线问卷 372 份，剔除问卷答案完全相同、填写时间过短等无效问卷后得到有效调查问卷 351 份。此外，再根据问卷答案进行筛选，剔除未参与过电商扶贫农产品重复购买的问卷数据，最终得到问卷 273 份。调查对象统计特征表现为被访者男女比例较为均衡、较年轻化、职业稳定、受教育程度较高、收入稳定并且家庭结构稳固，对调查问卷的具体题项内容较为容易理解。因此，采集的数据样本具有较好的代表性。样本特征如表 10-1 所示。

10.3.3 问卷设计与变量测量

所有变量测度项均为在借鉴成熟的研究成果基础上，结合本章电商扶贫农产品情境改编，通过 52 份有效问卷进行预调研，根据预调研结果对初始量表进行完善，最终形成包含 35 个测度项的正式调查问卷。

表 10-1　样本特征（N=273）

项目	分类	人数	百分比（%）	项目	分类	人数	百分比（%）
性别	男性	132	48.4	文化程度	高中及以下	28	10.3
	女性	141	51.6		大专	36	13.2
年龄	20 岁以下	39	14.3		大学本科	148	54.2
	20～29 岁	160	58.6		硕士及以上	61	22.3
	30～39 岁	36	13.2	个人月收入（元）	5 00C 以下	76	27.8
	40～49 岁	28	10.3		5 001～10 000	136	49.8
	50 岁以上	10	3.6		10 001～15 000	34	12.5
职业	企业人员	68	24.9		15 001～20 000	16	5.9
	政府员工	25	9.2		20 001 以上	11	4.0
	事业单位员工	41	15.0	家庭结构	家中没有小孩和老人	37	13.6
	离退休人员	5	1.8		家中有小孩或家中有老人	124	45.4
	学生	121	44.3		家中既有小孩也有老人	112	41.0
	其他	13	4.8				

问卷采用李克特五级量表对变量进行衡量，1～5 分代表非常不赞同、不赞同、中立、赞同和非常赞同 5 个等级。

调查问卷测度项题项与引用来源如下：质量风险量表基于 Ariffin 等（2018）、Hong 等（2013）研究修改所得；供应风险量表基于 Finch（2004）研究修改所得，社会风险量表基于 Featherman 和 Pavlou（2003）、Ariffin 等（2018）研究修改所得；价格风险量表基于 Sweeney 和 Soutar（2001）研究修改所得，公益价值量表基于刘炼等（2019）研究修改所得；服务价值量表基于 Baker 等（2002）、Kassim 和 Asiah（2010）研究修改所得，信任量表基于 McKnight（2002）研究修改所得；重购意愿量表基于 Cho 等（2014）研究修改所得。控制变量包括消费者性别、年龄、教育程度、职业、个人月收入和家庭结构。各变量测量题项如表 10-2 所示。

表 10-2　变量测度项、信度和收敛效度检验（N=273）

潜变量	测度项	平均值/标准差	标准载荷	信度	CR	AVE
质量风险（QR）	QR_1 我担心无法收到安全可靠的电商扶贫农产品	3.13/0.98	0.879	0.944	0.922	0.748
	QR_2 我担心该电商扶贫农产品外观比线上展示的差	3.23/1.05	0.854			
	QR_3 我担心该电商扶贫农产品口感和营养价值偏低	3.08/0.99	0.880			
	QR_4 我担心食用该电商扶贫农产品会身体不适	2.99/1.05	0.846			
供应风险（AR）	AR_1 我担心该电商扶贫农产品供应商生产能力不足	3.01/0.89	0.877	0.956	0.936	0.786
	AR_2 我担心该电商扶贫农产品加工不符合规范标准	3.14/0.90	0.890			
	AR_3 我担心该电商扶贫农产品冷链物流不保鲜	3.21/0.88	0.889			
	AR_4 我担心该电商扶贫农产品运输受挤压、破损等	3.18/0.89	0.892			

（续）

潜变量	测度项	平均值/标准差	标准载荷	信度	*CR*	*AVE*
社会风险（*SR*）	SR_1 我担心购买该电商扶贫农产品会降低其他评价	2.55/1.10	0.946	0.972	0.970	0.891
	SR_2 我担心购买该电商扶贫农产品不符合自身形象	2.50/1.10	0.951			
	SR_3 我担心购买该电商扶贫农产品会导致家庭分歧	2.50/1.08	0.945			
	SR_4 我担心购买该电商扶贫农产品不被亲友认可	2.48/1.11	0.934			
价格价值（*PV*）	PV_1 该电商扶贫农产品价格经济实惠，很有吸引力	3.91/0.70	0.727	0.871	0.756	0.510
	PV_2 该电商扶贫农产品经常有折扣、促销优惠活动	3.89/0.69	0.736			
	PV_3 该电商扶贫农产品比同类农产品更具价格优势	3.81/0.75	0.677			
公益价值（*CV*）	CV_1 购买该电商扶贫农产品让我参与扶贫公益事业	3.95/0.71	0.773	0.843	0.796	0.661
	CV_2 购买该电商扶贫农产品让我为扶贫事业献力量	4.00/0.73	0.636			
	CV_3 购买该电商扶贫农产品可间接解决三农问题	3.96/0.72	0.651			
	CV_4 购买该电商扶贫农产品提高我的社会责任感	3.98/0.73	0.747			
服务价值（*SV*）	SV_1 该电商平台具有良好的搜索引擎和导航功能	3.83/0.70	0.733	0.883	0.796	0.659
	SV_2 该电商客服能及时解答我的疑问或要求	3.71/0.77	0.738			
	SV_3 该电商能及时发货并提供可靠的物流方式	3.83/0.74	0.671			
	SV_4 该电商能履行其承诺的售后服务，如退换货等	3.81/0.75	0.667			

（续）

潜变量	测度项	平均值/标准差	标准载荷	信度	*CR*	*AVE*
社会责任（*SD*）	SD_1 我具有较强的扶贫公益意识	3.85/0.77	0.759	0.881	0.876	0.853
	SD_2 我可能会转向声称帮助扶贫公益事业的企业	3.69/0.80	0.833			
	SD_3 我可能会为支持扶贫的企业产品支付更多费用	3.63/0.82	0.857			
	SD_4 我更有可能购买支持扶贫社会公益事业的产品	3.87/0.78	0.746			
信任（*CT*）	CT_1 我相信该电商扶贫农产品值得信赖	3.83/0.68	0.726	0.910	0.815	0.699
	CT_2 我相信该电商扶贫农产品的展示信息真实可靠	3.78/0.73	0.733			
	CT_3 我相信该电商扶贫农产品能兑现其质量承诺	3.80/0.73	0.748			
	CT_4 我相信当该电商扶贫农产品会履行补偿政策	3.85/0.76	0.688			
重购意愿（*RI*）	RI_1 网购农产品时我首选该电商扶贫农产品	3.57/0.83	0.626	0.876	0.808	0.688
	RI_2 我计划将来继续购买该电商扶贫农产品	3.79/0.74	0.775			
	RI_3 如果有机会，我将持续购买该电商扶贫农产品	3.87/0.72	0.782			
	RI_4 我乐意把该电商扶贫农产品推荐给亲朋好友	3.85/0.72	0.679			

10.3.4 信度和效度分析

本章采用 Cronbach's α 值来检验信度，使用 SPSS 22.0 对质量风险、供应风险、社会风险、价格价值、公益价值、服务价值、信任、社会责任及重购意愿各变量 Cronbach's α 系数进行分析，各变量信度系数最低为 0.843，高于 0.60 临界值，表明问卷信度具有较好的信度。

效度分析分为内容效度和结构效度。就内容效度而言，本章变量测度项均采用已有文献成熟量表，根据本章的具体研究情景进行题项修改最终生成初始量表，再通过预调研优化初始量表，因此本章量表并非自行开发，无须进行主成分分析。结构效度方面，本章检验了收敛效度和区分效度，对九个变量的标准化载荷、复合信度（*CR* 值）和平均方差萃取量（*AVE* 值）进行检验，统计检验结果如表 10-2 所示。九个变量的标准载荷均大于 0.626，在标准值 0.6 以上，t 值在 $p<0.01$ 的水平下显著，表明测量指标具有较高的信度。*CR* 值均在 0.756 以上，大于标准值 0.6，说明各变量内部一致性较好；*AVE* 值均大于推荐值 0.5，说明各变量可以很好解释方差，调查问卷数据具有较好的收敛程度。以上检验结果均表明了本章具有较好的信度和效度。

10.4 实证分析与假设检验

10.4.1 共同方法偏差检验

本章所得数据均具有相同的来源，理论上应存在共同方法偏差，因此需检验本章所得数据的共同方法偏差并加以控制。本章运用软件 SPSS 22.0 对问卷数据进行共同方法偏差检验。其一，运用主成分分析法和最小方差旋转法，将九个变量的所有测度项并入同一个变量进行因子分析，结果显示 KMO（Kasier-Meyer-Olkin）值 0.935，大于 0.8，Bartlett's 球形性检验值为 9 067.947，df 值为 630，Sig. 值为 0.000，显示出本章获取的数据具有良好的质量，适于进行因子分析。其二，总方差解释率为 73.358%，超过 60%的最低标准值，并且各变量题项的因子载荷均大于 0.5（表 10-2），各变量指标在其相应变量上的负载大于在其他因子上的负载，指标结构符合稳定性与合理性，说明各变量的指标能够充分客观地表现其测量的变量信息。其三，本章采用未旋转的主成分分析法，通过Harman单因子法对可能存在的共同方法偏差问题进行检验，结果表明第一公因子的方差解释百分比为31.362%，小于标准值40%，说明本章的九个变量不存在共同方法偏差问题。由此，可得出本章进行各变量之间的分析是可行的。

10.4.2　描述性统计分析和相关性分析

本章利用各变量测度项的均值来证明变量，各变量和人口特征的均值、标准差、相关系数（Pearson相关）如表10-3所示，根据各个变量均值和相关系数作出分析和评价。

（1）在感知风险中，质量风险、供应风险和社会风险的平均值分别为3.11、3.14及2.51。质量风险与供应风险处于相对中等偏高水平，可推测消费者在购买电商扶贫农产品过程中能感知到产品质量安全问题、供应发生事故的可能性，进而产生相应的风险预期，因此质量风险、供应风险可能负向影响重购意愿的形成。社会风险处于相对较低水平，推测可能是消费者更少感知到由于重复购买电商扶贫农产品给其带来的不满、尴尬等负面情绪，因此，社会风险可能在重购意愿形成中扮演相对次要的角色。

（2）在感知价值中，价格价值、公益价值和服务价值的平均值分别为3.83、3.97及3.79，均处于相对较高水平。可推测消费者首先关注电商扶贫农产品的价格可接受性、吸引力及价值，其次更注重在重购电商扶贫农产品中为自身带来的公益责任及情怀。最后，重复购买过程中感知到的服务水平质量也是其重要的考虑因素之一。因此，价格价值、公益价值和服务价值可能在重购意愿形成中扮演重要角色。

（3）相关系数如表10-3所示。首先，就感知风险而言，质量风险分别与重购意愿（$r=-0.523$，$p<0.01$）、信任（$r=-0.495$，$p<0.01$）显著负相关；供应风险分别与重购意愿（$r=-0.563$，$p<0.01$）、信任（$r=-0.436$，$p<0.01$）显著负相关；社会风险分别与重购意愿（$r=-0.296$，$p<0.01$）、信任（$r=-0.239$，$p<0.01$）显著

表 10-3　均值、标准差和相关系数（N=273）

变量	1	2	3	4	5	6	7	8	9	10	11	12	13	14	15
1. 性别	—														
2. 年龄	−0.128*	—													
3. 教育程度	0.042	−0.203**	—												
4. 职业	0.271**	−0.262**	0.092	—											
5. 个人月收入	−0.266**	0.370**	0.105	−0.445**	—										
6. 家庭结构	0.075	0.177**	−0.178**	−0.072	−0.008	—									
7. 质量风险	−0.073	0.009	0.022	0.112	0.047	0.124*									
8. 供应风险	0.019	−0.006	0.084	0.084	−0.009	0.076	0.429**								
9. 社会风险	−0.218**	−0.015	−0.126*	−0.162**	0.098	−0.086	−0.008	−0.151*							
10. 价格价值	−0.065	−0.065	−0.052	−0.157**	0.008	−0.168**	−0.486**	−0.474**	0.324**						
11. 公益价值	0.028	−0.064	0.087	−0.146*	0.002	−0.171**	−0.383**	−0.415**	0.098	0.649**					
12. 服务价值	−0.074	−0.072	−0.046	−0.129*	−0.022	−0.081	−0.389**	−0.390**	0.313**	0.720**	0.599**				
13. 社会责任	−0.091	−0.019	0.060	−0.138*	0.043	−0.034	−0.316**	−0.305**	0.147*	0.476**	0.521**	0.468**			
14. 信任	−0.014	−0.087	−0.019	−0.114	−0.017	−0.084	−0.495**	−0.436**	−0.239**	0.700**	0.874**	0.686**	0.484**		
15. 重购意愿	−0.037	−0.012	−0.036	0.182**	0.003	−0.145*	−0.523**	−0.563**	−0.296**	0.842**	0.703**	0.721**	0.545**	0.718**	
均值	1.52	2.30	2.89	3.46	2.08	2.27	3.11	3.14	2.51	3.83	3.97	3.79	3.76	3.82	3.77
标准差	0.50	0.96	0.87	1.76	0.99	0.69	1.01	0.89	1.09	0.73	0.72	0.74	0.79	0.72	0.75

注：N=273；* 表示 $p<0.05$，** 表示 $p<0.01$，双尾检验；数值为构面间的相关系数。

负相关。此外，就感知价值而言，价格价值分别与重购意愿（$r=0.842$，$p<0.01$）、信任（$r=0.700$，$p<0.01$）显著正相关；公益价值分别与重购意愿（$r=0.703$，$p<0.01$）、信任（$r=0.874$，$p<0.01$）显著正相关；服务价值分别与重购意愿（$r=-0.721$，$p<0.01$）、信任（$r=0.686$，$p<0.01$）显著正相关；以上与理论模型预期基本一致，为模型假设提供了初步支持。

10.4.3　假设检验

利用 SmartPLS 2.0 构建整体结构方程模型，探索感知风险、感知价值与重购意愿以及其他路径上的直接效应机制。采用 Bootstrapping 抽样 2 000 次，得到各变量之间关系的路径系数及显著性结果，如表 10-4 所示。

表 10-4　模型路径系数显著性检验

模型	研究假说	标准化系数	T 值	显著水平	检验结果
模型 1	质量风险对重购意愿有负向影响	−0.076	2.828	**	成立
模型 2	供应风险对重购意愿有负向影响	−0.143	4.506	***	成立
模型 3	社会风险对重购意愿有负向影响	−0.052	1.809	ns	不成立
模型 4	价格价值对重购意愿有正向影响	0.433	9.855	***	成立
模型 5	公益价值对重购意愿有正向影响	0.197	5.379	***	成立
模型 6	服务价值对重购意愿有正向影响	0.112	3.547	**	成立
模型 7	质量风险对信任有负向影响	−0.167	−3.531	***	成立
模型 8	供应风险对信任有负向影响	−0.056	−1.200	ns	不成立
模型 9	社会风险对信任有负向影响	−0.026	0.610	ns	不成立
模型 10	价格价值对信任有正向影响	0.279	4.199	***	成立
模型 11	公益价值对信任有正向影响	0.109	1.988	*	成立
模型 12	服务价值对信任有正向影响	0.325	5.479	***	成立
模型 13	信任对重购意愿有负向影响	0.113	2.615	***	成立

注：重购意愿的 R^2 =分别是 0.742；Bootstrapping 抽样 2 000 次，检验类型为双尾检验，***、**、* 分别表示在 $p<0.01$、$p<0.05$、$p<0.1$ 的水平下显著，ns 表示不显著。

（1）感知风险、感知价值对重购意愿部分发挥作用。感知风险方面，质量风险与重购意愿间路径系数与显著性水平分别为－0.076，$p<0.05$，说明质量风险对重购意愿影响完全显著；供应风险与重购意愿间路径系数与显著性水平分别为－0.143，$p<0.01$，说明供应风险对重购意愿影响完全显著；社会风险与重购意愿间路径系数与显著性水平分别为－0.052，$p>0.1$，说明社会风险对重购意愿影响不显著。感知价值方面，价格价值与重购意愿间路径系数与显著性水平分别为0.433，$p<0.01$，说明价格价值对重购意愿影响完全显著；公益价值与重购意愿间路径系数与显著性水平分别为0.197，$p<0.01$，说明公益价值对重购意愿影响完全显著；服务价值与重购意愿间路径系数与显著性水平分别为0.112，$p<0.05$，说明服务价值对重购意愿影响完全显著。据此，假设 H_1 部分成立，假设 H_2 完全成立。

（2）感知风险、感知价值对信任部分发挥作用。就感知风险而言，质量风险与信任间路径系数与显著性水平分别为－0.167，$p<0.01$，说明质量风险对信任影响完全显著；供应风险与信任间路径系数与显著性水平分别为－0.056，$p>0.1$，说明供应风险对信任影响不显著；社会风险与信任间路径系数与显著性水平分别为－0.026，$p>0.1$，说明社会风险对信任影响不显著。就感知价值而言，价格价值与信任间路径系数与显著性水平分别为0.279，$p<0.01$，说明价格价值对信任影响完全显著；公益价值与信任间路径系数与显著性水平分别为0.109，$p<0.1$，说明公益价值对信任影响完全显著；服务价值与信任间路径系数与显著性水平分别为0.325，$p<0.01$，说明服务价值对信任影响完全显著。据此，假设 H_3 部分成立，假设 H_4 完全成立。

（3）信任对重购意愿完全发挥作用。信任与重购意愿间路径系数与显著性水平分别为0.113，$p<0.01$，说明信任对重购意愿完全显著，即 H_5 成立。

最后，购买意愿作为内生变量的 R^2 值为0.742，说明研究模型具有较好的解释力度。

10.4.4 中介效应检验

信任与重购意愿间起中介作用，依据 Liang 等（2007）的推荐方法进行中介效应的检验，如表 10－5 所示。首先，由步骤三中自变量（质量风险、供应风险、社会风险、价格价值、公益价值、服务价值）、中介变量（信任）与因变量（重购意愿）的回归分析可知，质量风险 B 值为－0.222，对应的信任 B 值为 0.609，显著性水平均为 $p<0.001$；供应风险 B 值为－0.309，对应信任 B 值为 0.584，显著性水平均为 $p<0.001$；社会风险 B 值为－0.132，对应的信任 B 值为 0.687，显著性水平均为 $p<0.001$；价格价值 B 值为 0.700，对应的信任 B 值为 0.252，显著性水平均为 $p<0.001$；公益价值 B 值为 0.574，对应的信任 B 值为 0.469，显著性水平均为 $p<0.001$；服务价值 B 值为 0.431，对应的信任 B 值为 0.423，显著性水平均为 $p<0.001$；因此，信任在质量风险、供应风险、社会风险、价格价值、公益价值、服务价值对重购意愿关系间均起到部分中介效应，表明质量风险、供应风险、社会风险、价格价值、公益价值、服务价值均部分通过信任对重购意愿产生作用，其实现路径为：

质量风险→重购意愿，或质量风险→信任→重购意愿；

供应风险→重购意愿，或供应风险→信任→重购意愿；

社会风险→重购意愿，或社会风险→信任→重购意愿；

价格价值→重购意愿，或价格价值→信任→重购意愿；

公益价值→重购意愿，或公益价值→信任→重购意愿；

服务价值→重购意愿，或服务价值→信任→重购意愿。

因此，假设 H_{6a}、H_{6b} 均成立。

表 10－5 信任在感知风险、感知价值与重购意愿的中介效应

步骤	解释变量	被解释变量	B 值	成立条件
步骤一	自变量	因变量	$B1-1$，$B1-2$，$B1-3$，$B1-4$，$B1-5$，$B1-6$	$B1$ 应具有显著性

（续）

步骤	解释变量	被解释变量	B 值	成立条件
步骤一	质量风险	重购意愿	-0.523^{***}	B1 应具有显著性
	供应风险		-0.563^{***}	
	社会风险		0.296^{***}	
	价格价值		0.842^{***}	
	公益价值		0.703^{***}	
	服务价值		0.721^{***}	
步骤二	自变量	中介变量	B2－3，B2－4，B2－5，B2－6	B2 应具有显著性
	质量风险	信任	-0.495^{***}	
	供应风险		-0.436^{***}	
	社会风险		0.239^{***}	
	价格价值		0.700^{***}	
	公益价值		0.574^{***}	
	服务价值		0.686^{***}	
步骤三	自变量	因变量	B3－3，B3－4，B3－5，B3－6	B4 应具显著性；B3 不具显著性，完全中介效应成立；B3 具显著性，中介效应部分成立
	质量风险	重购意愿	-0.222^{***}	
	供应风险		-0.309^{***}	
	社会风险		-0.132^{***}	
	价格价值		0.666^{***}	
	公益价值		0.434^{***}	
	服务价值		0.431^{***}	
	中介变量		B4	
	信任		0.609^{***}	
			0.584^{***}	
			0.687^{***}	
			0.252^{***}	
			0.469^{***}	
			0.423^{***}	

注：$^{*}p<0.05$，$^{**}p<0.01$，$^{***}p<0.001$。

10.4.5 调节效应检验

为了检验社会价值对质量风险、供应风险、社会风险、价格价值、公益价值、服务价值对信任的调节效应，采用SPSS22.0对调节效应做分层回归分析。在进行调节效应检验前，为避免自变量、因变量和调节变量间存在多重共线性问题，本章将自变量、因变量和调节变量数据均进行了中心化处理。在控制人口统计学变量后，对自变量、调节变量和自变量与调节变量的交互项依次进行回归，预测结果变量，结果如表10-6所示。

(1) 引入控制变量，即性别、年龄、文化程度、职业、个人月收入及家庭结构，获得只包含控制变量的回归结果。结果显示，模型1中6个控制变量均不显著影响调节变量社会价值。

(2) 引入自变量质量风险、供应风险、社会风险、价格价值、公益价值、服务价值，同时引入调节变量社会责任，获得包含控制变量、自变量和调节变量的回归结果。结果显示：质量风险（$B=-0.511$，$p<0.001$）、供应风险（$B=-0.399$，$p<0.001$）、社会风险（$B=-0.272$，$p<0.001$）、价格价值（$B=-0.598$，$p<0.001$）、公益价值（$B=-0.474$，$p<0.001$）、服务价值（$B=-0.531$，$p<0.001$），均对调节变量具有较高显著性。

(3) 引入自变量与调节变量的交互项，即质量风险×社会责任、供应风险×社会责任、社会风险×社会责任、价格价值×社会责任、公益价值×社会责任、服务价值×社会责任，当控制变量、自变量、调节变量、自变量与调节变量的交互依次进入回归方程后。根据模型2可知，质量风险与社会责任的交互对信任的作用具有正向显著效果（$B=0.144$，$p<0.001$）；根据模型3可知，供应风险与社会责任的交互对信任的作用具有正向显著的效果（$B=0.132$，$p<0.001$）；根据模型4可知，社会风险与社会责任的交互对信任的作用具有正向显著效果（$B=0.143$，$p<0.001$）；根据模型5可知，价格价值与社会责任的交互对信

表 10-6　社会责任的调节效应检验结果（$N=273$）

变量类型	变量名称	模型 1			模型 2			模型 3		
		非标准化回归系数	t 值	显著性	非标准化回归系数	t 值	显著性	非标准化回归系数	t 值	显著性
	性别	0.008	0.057	0.954	0.009	0.136	0.892	0.011	0.203	0.788
	年龄	0.067	0.891	0.374	0.066	1.299	0.073*	0.055	1.234	0.069*
	文化程度	0.083	1.061	0.290	0.046	1.191	0.235	0.072	1.359	0.045**
	职业	0.058	1.372	0.171	0.017	0.830	0.407	0.010	0.335	0.459
	个人月收入	0.065	1.568	0.105	0.045	2.313	0.026**	0.042	2.276	0.029**
控制变量	家庭结构	0.067	1.233	0.126	0.184	1.737	0.030**	0.175	1.669	0.036**
自变量	质量风险				−0.511	−6.654	0.000***			
	供应风险							−0.399	−6.005	0.000***
	社会风险									
	价格价值									
	公益价值									
	服务价值									
调节变量	社会责任				0.403	7.903	0.000***	0.334	6.059	0.000***
	$QR\times SD$				0.144	2.292	0.000***			
	$AR\times SD$							0.132	2.096	0.004***
调节效应	$SR\times SD$									
	$PV\times SD$									
	$CV\times SD$									
	$SV\times SD$									

（续）

变量类型	变量名称	模型1			模型2			模型3		
		非标准化回归系数	t 值	显著性	非标准化回归系数	t 值	显著性	非标准化回归系数	t 值	显著性
R^2			0.020			0.659			0.702	
调整后的 R^2			0.015			0.633			0.697	
R^2 更改			0.034			0.036			0.019	
F 更改			1.334			11.658			7.424	
F 更改显著性			0.203			0.000***			0.004***	

变量类型	变量名称	模型4			模型5			模型6			模型7		
		非标准化回归系数	t 值	显著性	非标准化回归系数	t 值	显著性	非标准化回归系数	t 值	显著性	非标准化回归系数	t 值	显著性
控制变量	性别	0.010	0.926	0.356	0.034	1.468	0.136	0.089	1.869	0.042**	0.069	1.699	0.064*
	年龄	−0.069	−1.659	0.063*	−0.044	−1.089	0.294	−0.013	−0.335	0.697	−0.065	−1.339	0.073*
	文化程度	0.121	2.315	0.032**	0.109	2.139	0.044**	0.099	2.397	0.021**	0.133	2.563	0.023**
	职业	0.063	1.433	0.112	0.096	2.657	0.019**	0.089	2.231	0.036**	0.077	2.113	0.043**
	个人月收入	0.099	1.688	0.095*	0.112	2.036	0.066*	0.169	2.318	0.032**	0.156	2.119	0.040**
	家庭结构	0.078	1.863	0.048**	0.087	2.033	0.036**	0.079	1.963	0.039**	0.119	2.339	0.031**
自变量	质量风险												
	供应风险												
	社会风险	−0.272	−4.522	0.035**									
	价格价值				0.598	10.338	0.000***						
	公益价值							0.474	8.859	0.000***			
	服务价值										0.531	11.366	0.000***

（续）

变量类型	变量名称	模型 4			模型 5			模型 6			模型 7		
		非标准化回归系数	t 值	显著性	非标准化回归系数	t 值	显著性	非标准化回归系数	t 值	显著性	非标准化回归系数	t 值	显著性
调节变量	社会责任	0.382	7.263	0.000***	0.403	8.223	0.000***	0.436	9.229	0.000***	0.503	10.366	0.000***
调节效应	$QR\times SD$												
	$AR\times SD$												
	$SR\times SD$	0.143	3.785	0.000***									
	$PV\times SD$				0.164	3.977	0.000***						
	$CV\times SD$							0.158	3.806	0.000***			
	$SV\times SD$										0.175	4.038	0.000***
R^2			0.667			0.680			0.632			0.691	
调整后的 R^2			0.632			0.671			0.626			0.686	
R^2 更改			0.012			0.014			0.016			0.019	
F 更改			11.505			23.491			18.441			16.234	
F 更改显著性			0.000***			0.000***			0.000***			0.000***	

注：* 表示 $p<0.1$，** 表示 $p<0.05$，*** 表示 $p<0.01$（双尾）；表中数值是非标准化回归系数。

任的作用具有正向显著效果（$B=0.164$，$p<0.001$）；根据模型6可知，公益价值与社会责任的交互对信任的作用具有正向显著效果（$B=0.158$，$p<0.001$）；根据模型7可知，服务价值与社会责任的交互对信任的作用具有正向显著效果（$B=0.164$，$p<0.001$）。因此可得出：

社会责任对质量风险与信任间因果关系具有正向调节作用；

社会责任对供应风险与信任间因果关系具有正向调节作用；

社会责任对社会风险与信任间因果关系具有正向调节作用；

由此，研究假设 H_7 成立。

社会责任对价格价值与信任间因果关系具有正向调节作用；

社会责任对公益价值与信任间因果关系具有正向调节作用；

社会责任对服务价值与信任间因果关系具有正向调节作用；

由此，研究假设 H_8 成立。

综上所述，表明社会责任在感知风险、感知价值与信任间因果关系具有调剂作用。

为分析质量风险、供应风险、社会风险、价格价值、公益价值、服务价值和社会价值的交互项如何影响信任，需要进一步检验调节效应的方向。因此，绘制社会价值对质量风险、供应风险、社会风险、价格价值、公益价值、服务价值与信任间因果关系的调节效应图（图10-2至图10-7）。

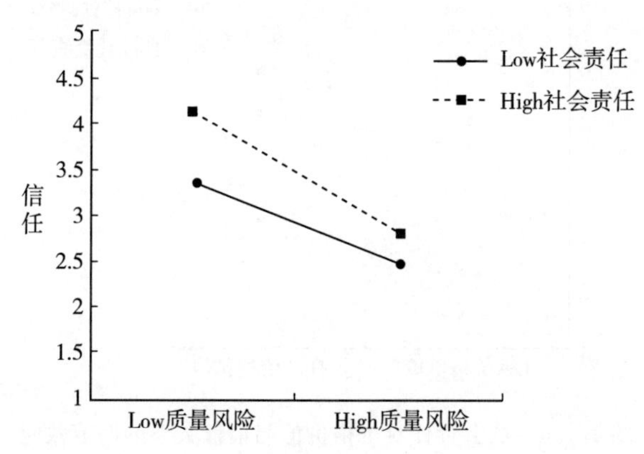

图10-2　社会责任对质量风险与信任关系的调节效应

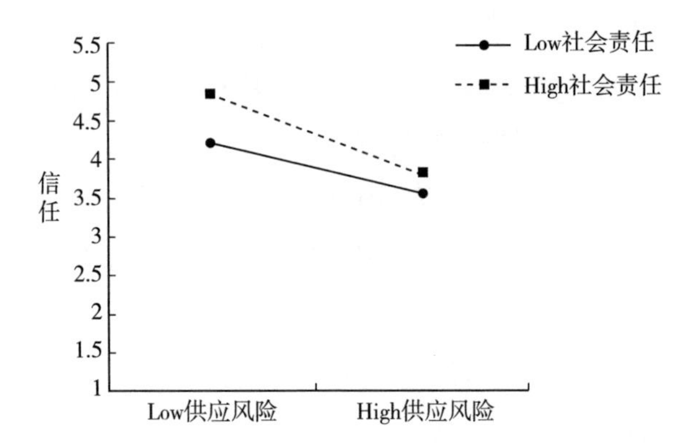

图 10-3　社会责任对供应风险与信任关系的调节效应

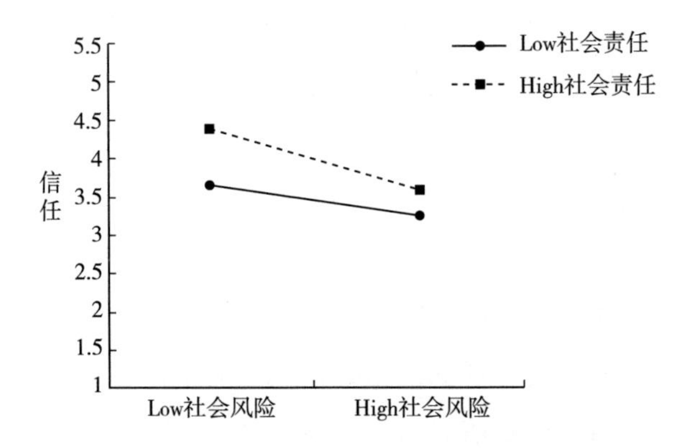

图 10-4　社会责任对社会风险与信任关系的调节效应

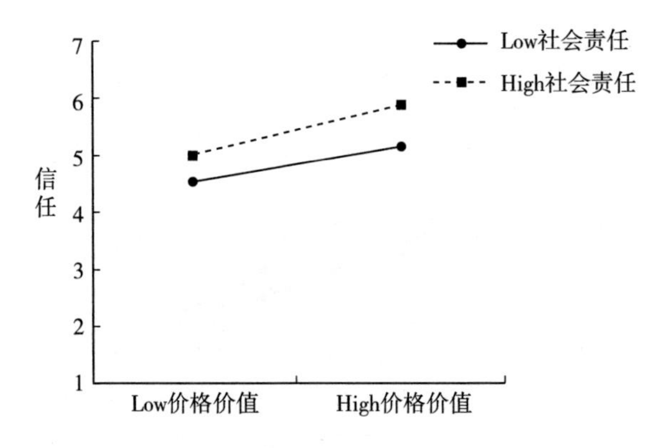

图 10-5　社会责任对价格价值与信任关系的调节效应

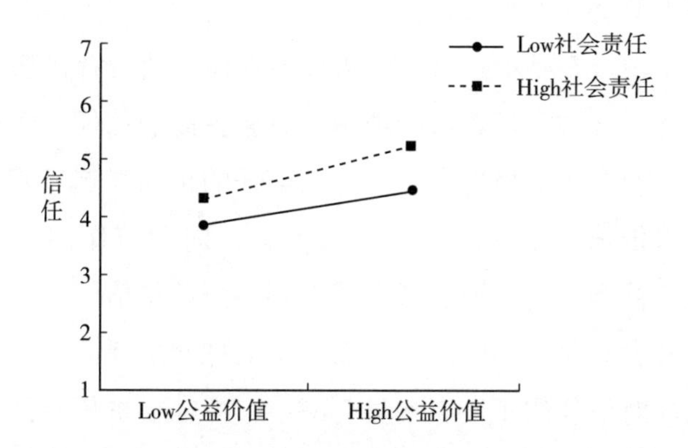

图 10－6　社会责任对公益价值与信任关系的调节效应

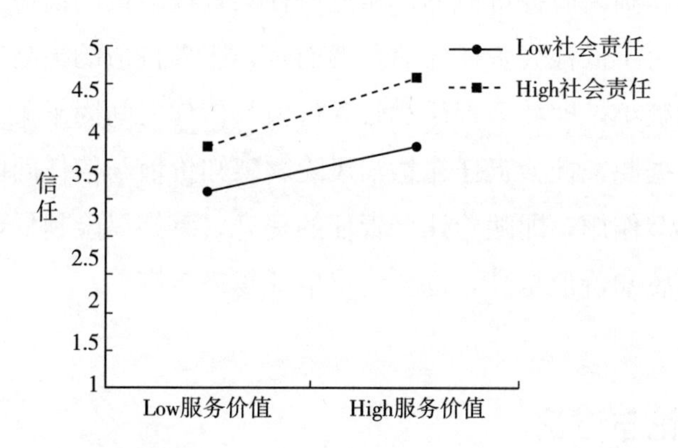

图 10－7　社会责任对服务价值与信任关系的调节效应

图 10－2 显示，有着较高社会责任的消费者在感知到高质量风险下，相比于社会责任较低的消费者有着更高的信任。在较高社会责任下，质量风险对信任的负向作用更显著，即社会责任对质量风险与信任之间因果关系具有正向调节作用。图 10－3 显示，有着较高社会责任的消费者在感知到高供应风险下，相比于社会责任较低的消费者有着更高的信任。在较高社会责任下，供应风险对信任的负向作用更显著，即社会责任对供应风险与信任之间因果关系具有正向调节作用。图 10－4 显示，有着较高社会责任的消费者在感知到高社会风险下，相比于社会责任较低的消费者有着更高的信任。在较高社会责任下，社会风险对信任

的负向作用更显著，即社会责任对社会风险与信任间因果关系具有正向调节作用。图 10－5 显示，有着较高社会责任的消费者在感知到高价格价值下，相比于社会责任较低的消费者有着更高的信任，而对于低社会责任的消费者而言，价格价值的提高对信任的正向影响显著减小，即社会责任对价格价值与信任间因果关系具有正向调节作用。图 10－6 显示，有着较高社会责任的消费者在感知到高公益价值下，相比于社会责任较低的消费者有着更高的信任，而对于低社会责任的消费者而言，公益价值的提高对信任的正向影响显著减小，即社会责任对公益价值与信任间因果关系具有正向调节作用。图 10－7 显示，有着较高社会责任的消费者在感知到高服务价值下，相比于社会责任较低的消费者有着更高的信任，而对于低社会责任的消费者而言，服务价值的提高对信任的正向影响显著减小，即社会责任对服务价值与信任之间因果关系具有正向调节作用。据此，社会责任在感知风险、感知价值与信任间因果关系均发挥正向调节作用，即随着社会责任的提升，感知风险越低，信任进一步增强；而感知价值越高，也会使得信任越来越高。

10.5 结论与讨论

10.5.1 研究结论

本章探讨了电商扶贫农产品消费者重购意愿影响因素，包括前因变量感知风险（质量风险、供应风险和社会风险）和感知价值（价格价值、公益价值和服务价值），中介变量信任，以及调节变量社会责任，以消费者在淘宝平台重复购买电商扶贫农产品作为案例，通过问卷调查获取 273 个实证分析样本。实证研究发现：①感知风险中质量风险、供应风险对重购意愿有显著负向影响，而社会风险对重购意愿没有显著影响；感知价值中价格价值、公益价值和服务价值均对重购意愿有显著的正向影响。②信任在质量风险、供应风险、社会风险、价格价值、公益价值、服务价值与重购意愿之间关系均有部分中介效应，换言之，信任可能并非是质量风险、供应风险、社会风险、价格价值、公益价值、服务价值促成重购意愿的必须路径，消费者的质量风险、供应风险、社会风险、价格价值、公益价值、服务价值均可以不经过信任的作用而直接形成重购意愿。③社会责任在质量风险、供应风险、社会风险、价格价值、公益价值、服务价值与信任之间因果关系均发挥正向调节作用，社会责任在感知风险、感知价值与信任之间因果关系均发挥正向调节作用，即随着社会责任的提升，感知风险越低，信任进一步增强；而感知价值越高，也会使得信任越来越高。

10.5.2　进一步讨论

首先，立足于新零售新电商背景下，基于感知风险、感知价值和消费者行为理论，结合电商扶贫农产品特性，通过问卷调查法获取数据样本，进行实证分析，挖掘电商扶贫农产品消费者重购意愿影响因素，深入讨论感知风险、感知价值对重购意愿形成的重要作用，分析信任是否是重购意愿形成的必经路径，以及最终验证社会责任作为调节变量在感知风险、感知价值与重购意愿间关系的调节效应。本章为电商扶贫农产品消费者重购意愿形成机理提供更全面的研究视角。

其次，在感知风险方面，质量风险、供应风险对重购意愿发挥作用，而社会风险对重购意愿产生负向影响的假设未得到支持。在感知价值方面，价格价值、公益价值和服务价值均对重购意愿发挥积极作用，其中价格价值产生的促进作用最大，然后是公益价值，最后是服务价值。在新电商新零售背景下，消费者在重购意愿的形成过程中受产品质量、产品供应、价格感知、服务质量水平、消费者信任等因素影响（Sirohi 等，1998；刘紫玉，2019），本章进一步验证了以往研究结论在电商扶贫农产品重复购买情境下同样成立，即农产品质量、供应质量、服务感知、价格水平仍然是电商扶贫农产品的重要决策因素，而对社会风险的感知关注程度较低。另外，情感价值对于重购意愿起着正向促进作用（王大海等，2018），在脱贫攻坚的政策环境下，消费者自身的公益扶贫情感有利于增强其公益责任感，进而促进重购意愿的形成。

再次，验证了信任作为中介变量对感知风险、感知价值与电商扶贫农产品消费者重购意愿之间关系的中介效应。本章以感知风险、感知价值双重视角作为理论基础，引入信任作为中介变量，实证检验结果表明信任在感知风险、感知价值与重购意愿之间具有部分中介效应，即质量风险、供应风险、社会风险、价格价值、公益价值、服务价值均可以通过信任对重购意愿产生显著作用，也可以不通过信任而直接对重购意愿产生显著作用。换言之，本章成果发现，消费者基于感知风险、感知价值所形成的信任是重购意愿的重要基础，进一步验证了以往研究中关于信任在感知风险、感知价值与重购意愿之间的中介作用（Chiu 等，2012）。

最后，探索性地验证了社会责任作为调节变量分别对质量风险、供应风险、社会风险、价格价值、公益价值、服务价值与信任之间因果关系的作用，弥补了以往研究的空白。社会责任通过降低风险感知程度，减少消极情绪产生，同时增加价值感知，进而增强信任的形成（Green、Peloza，2011），有效增强消费者的信心。本章发现社会责任加强感知价值对信任的促进作用，即对高社会责任的消费者而言，感知价值提高了消费者对电商扶贫农产品的认可程度，认为电商扶贫农产品更具备其价值及作用。同时，本章发现社会责任增加了感知风险对信任的负向作用，这说明，高社会责任的消费者会进一步减少风险感知，促进信任的产生，降低对电商扶贫农产品的担忧程度。

10.5.3 管理启示

本章结论与讨论对如何提高电商扶贫农产品消费者重购意愿具有一定指导作用，得出管理启示主要如下：

第一，丰富线上信息展示，保障产品质量安全。首先，加强电商扶贫农产品信息展示，如检疫证明、质量安全认证、产地来源详细图文等，有效保障消费者充分了解产品内容，降低信息不对称的程度，减少风险的感知。其次，促进电商扶贫农产品标准化，推进产品分级制度，加强食品安全把控。以可靠、健康、安全为导向，启动贫困地区原产地保护机制，推广电商扶贫农产品标准化生产试点，进一步推进贫困地区农产品质量安全追溯平台，加强生产加工监管。

第二，推进食品安全认证，优化物流配送进程。聚焦电商扶贫农产品优质化、特色化，加强农产品“三品一标”认证，提高扶贫基地与贫困地农产品抽查数量及频率，强化农产品定性定量检测工作。推广电商扶贫农产品第三方认证，减少消费者因地域限制而造成信息误差，增强消费者信任。此外，完善物流配送体系，加大资金投入，积极改进冷链物流设施设备，实施冷链物流安全管理。积极采用新兴技术、环保材料进行包装配送，推进源头直采直供模式，保障农产品配送的时效性与新鲜度。

第三，加强产品价格优势，提升电商服务质量。积极采用价格优惠、折扣促销的营销手段，增加价格竞争力，保障电商扶贫农产品高质性价比，提高消费者价格吸引力，培养回头率高的忠实消费者，促进重购意愿的形成。依托大数据、人工智能、区块链等新兴信息技术，保障消费者信息安全，提升消费者满意度。优化电商平台搜索引擎和导航功能，加强电商客服培训管理，进一步保障售前售后服务承诺。着力提高服务水平，加强消费者价值感知，促进信任的产生。

第四，发挥社交媒体力量，加强电商扶贫宣传。充分利用短信、微信、微博、短视频平台等多形式社交平台，普及电商扶贫政策知识，营造良好的扶贫公益氛围，促进消费者有效、全面地认知电商扶贫农产品，加强消费者社会责任感，提升公益价值感知，增强消费者对电商扶贫农产品的信任程度。此外，借力权威媒体报道，积极引导正确的电商扶贫农产品舆论，强化信息交流，通过电商平台、微博话题、微信公众号等社交媒体平台推动消费者评论，形成良性问答机制。

第五，聚焦发展品牌战略，促进产品提质增效。促进电商扶贫农产品品牌建设，健全完善产业链，打造具有特色性的农产品品牌。加强在规范实施、质量监管、销售扶助等方面的指导与管控，有效提升电商扶贫农产品竞争力。此外，优化改造贫困地农业产业链、供应链，加强品牌引领，打造优质品牌龙头，充分运用品牌故事宣传推广，提升品牌知名度。整合多方社会力量，推动电商扶贫农产品朝特色化方向发展，利用品牌营销提高影响力及传播力。

10.5.4 研究局限与展望

通过构建理论模型，提出理论假设后根据实证分析进行验证，取得一定研究成果，同时仍存在不足之处。首先，问卷数据来源大多为广东省，样本职业多数为学生和企事业工作人员，未能覆盖更多地区及身份的样本。其次，问卷样本数量不够多，且消费者感知风险与感知价值处于动态变化，缺乏全面性。在今后的研究中可充分拓展研究范围，扩大样本数据的来源与数量，探索运用纵向跟踪式研究方法，进一步探讨感知风险与感知价值对重购意愿持续的动态作用。最后，理论模型基于电商扶贫农产品展开，未来研究可聚焦重购意愿其他影响因素，并引入更多行业及方向对模型进行验证，同时进一步加强研究的完整性。

10.6 本章小结

理解消费者电商扶贫农产品重购意愿形成机理，有利于促进电商扶贫农产品市场销售，推动精准扶贫、乡村振兴战略实施。基于“风险—价值”双重视角，构建电商扶贫农产品消费者重购意愿模型，运用结构方程技术，研究感知风险和感知价值对重购意愿的影响，检验信任的中介作用和社会责任的调节效应。实证结果表明，质量风险和供应风险对重购意愿有显著负向影响，价格价值、公益价值和服务价值对重购意愿有显著负向影响，信任在感知风险、感知价值和重购意愿间因果关系具有部分中介效应，社会责任在感知风险、感知价值与信任间因果关系起正向调节作用。

11 农村食品安全风险协同治理对策及保障

协同治理是实施食品安全战略、推进农村食品安全风险治理的有效路径。协同治理指公共部门和私营机构共同参与监管特定公共政策利益及目标（Garcia 等，2013），强调多元主体协同治理（Eijlander，2005），近年来被广泛应用于法治建设、食品安全等领域（Chen 等，2015），是一种将行政立法与自我监管相结合的有效机制（Martinez 等，2007）。农村是保障农产品质量安全的源头和基础，然而，我国乡村地区居民数量庞大，经济发展缓慢，农村食品安全工作起步晚。此外，政府失灵导致资源配置不足、监管效率低下，信息不对称引发党政机构、食品企业、农村消费者等多方主体沟通不畅，农村地区劣质食品大量倾销、违禁物品肆意添加等食品安全事件频现。由此，在农村食品安全风险治理中发挥社会组织专业性、自治性、独立性等优势，构建农村食品安全风险协同治理新格局（冯琼，2018），对于推进平安乡村建设、满足农村地区人民群众美好需求具有重要现实意义。

以往关于协同治理的研究成果，主要基于管理学、社会学和法学等视角，集中在网络规制、公共服务和法规体系等领域，围绕界定主体、健全法规、体制比较和提升绩效等内容展开，专门针对农村食品安全风险治理的研究成果较为匮乏，立足我国农村食品安全风险现状与问题，从政府、食品企业、第三方机构和消费者等多方主体视角，探析农村食品安全风险治理策略的研究成果更是少见。基于此，在系统的分析农村食品安全风险治理窘境与症结基础上，提出农村食品安全风险协同治理实践策略与支撑保障。

11.1 农村食品安全风险协同治理实践对策

遵循多环节覆盖、多部门联动、多主体参与、多渠道规制、多信息追溯、多形式宣传路径，实现农村食品安全风险协同治理均衡化、协同化、多元化、法规化、透明化、公益化，着力化解农村食品安全风险协同治理主要症结，走好新时代农村食品安全风险治理之路。

11.1.1 多环节覆盖，实现农村食品安全风险协同治理均衡化

加强农村食品伤害危机事件事前防控与事后修复（张蓓等，2019）。一方面，开展源头环节治理、流通环节约束，强化农村食品安全风险事前防控。严抓农村人居环境整治，聚焦“厕所革命”，推行源头区域性重点行业土壤污染风险治理行动，设立源头水源、大气污染专项资金，强化农业面源污染治理体系，推进优质生产基地建设；强化农村冷链基础设施及标准建设，严检过期食品“翻新”售卖，推广农村农产品有机、无公害认证。另一方面，末端环节协同，兼顾农村食品安全风险事后修复。督促涉事企业破解食品安全谣言，开展食品信息疑难解答，加强信息性修复；问题企业推进劣质食品召回机制，派遣专员走访受害家属，落实情感性修复（Xie、Peng，2009），实现农村食品安全风险均衡化协同治理。

11.1.2 多部门联动，实现农村食品安全风险协同治理协同化

鼓励市场主体部门联动、协同治理，推动农村食品安全风险协同治理（张文胜等，2017）。一方面，强化政府部门监管责任。优化联合监管机制，设立县级、村级食品安全监管站，吸纳监管优秀人才，建立农村食品安全风险交流站、实行企业内部吹哨人，逐步形成事权清晰的食品安全监管机构。另一方面，整合监管资源。督促市公安局、农业局、市场监督管理局等监管单位下到乡镇，走访县村，落实全国农村假冒伪

劣食品治理工作，开展农村优质食品商标保护行动，构建农村食品安全风险协同治理长效机制；注重培育家庭农场、农村合作社等经营主体，织牢农村食品安全风险防护网。

11.1.3　多主体参与，实现农村食品安全风险协同治理多元化

保障企业、政府、第三方协会、媒体、社会公众等主体共同参与（张蓓、文晓巍，2018）。一是组织专家下乡。扶贫必先扶志，鼓励农民投入农业生产，为推进农村食品安全风险协同治理提供人力资本。扶志推动扶智，组织专家下乡，协同推广乡村新型职业农民技能培训、建立农村劳务强化基地、加强农村电商人才培训，带动农村素质提升、产业增收（张蓓，2017）。二是力推主体共同参与。激励企业、政府、第三方协会、媒体等多方参与。政府扶持智慧农业，搭建龙头企业交流平台；企业创新经营模式，孵化家庭农场等新型农业经营主体；第三方协会推动地标产品、绿色食品、有机食品市场拓展，推进品牌化管理模式，实施“一村一品，一县一业”，打造一批“土字号”“乡字号”农村特色产品品牌；媒体引导公众积极学习新零售新电商知识，鼓励农民返乡创业，促进优质农产品产销对接。

11.1.4　多渠道规制，实现农村食品安全风险协同治理法规化

强化农村食品从田间到餐桌多渠道规制，构建农村食品安全风险法规化协同治理。一是严把生产加工关。制定农村农、兽药质量安全标准体系，完善农村化肥农药减量增效法规要求，研究制定农村食品安全保障法；实行加工企业食品安全风险分级管理，开展问题企业追踪监督检查，引导加工流程持续合规，加大农村食品企业犯罪惩处力度。二是严把流通销售关。大力推动“农改超”“农村食品安全放心店”下乡进村，同步实施全链条冷链配送政策，普及温控标签使用标准及规范，严厉打击农村制假售假等食品欺诈行为；推动政策法规向销售端倾斜，鼓励临期食品安全售卖，倡导“少量多次”优质购买。三是严把餐饮消费关。

加强食品企业自律，推动涉农主体诚信建设。实行农村食品安全风险法制化信息公示制度，执行失信企业“黑名单”制度。加强涉农主体质量安全宣传教育，践行食品安全承诺书制度，对标国家信用标准评选农村食品安全风险诚信企业，加速农村食品安全诚信档案建设。

11.1.5 多信息追溯，实现农村食品安全风险协同治理透明化

发展农村可追溯食品市场，打造透明化社会体系（吴林海等，2014）。首先，推进大数据、区块链等创新技术向基层倾斜，推动智慧农业、生物种业在农村落地，建立农村食品市场信息平台，保障全程无缝监管，提升信息采集能力。支持农业追溯技术基础研究，加大追溯研发补贴力度，落实追溯设备更新。其次，构建农村食品追溯体系，推进“数字乡村”建设，建立涵盖源头生产、采摘供应、交易监管、商户资质等供应链数字信息系统；建设农村食品数字资源库，强化餐饮单位食材供应渠道及追溯记录，推进农村食品安全风险协同治理。

11.1.6 多形式宣传，实现农村食品安全风险协同治理公益化

《“健康中国 2030”规划纲要》提出“推动健康领域基本公共服务均等化，维护基本医疗卫生服务的公益性，实现全民健康覆盖”。食品安全战略惠及农村方方面面，亟须开展多形式宣传，逐步推进公益化协同治理（俞飞颖，2019）。一方面，加强农村食品安全基层治理。围绕农村校园内外开展食品经营许可证、售卖环境等检测工作；分发农村食品安全科普手册、宣传画报，提升村民自治能力；督促学校建立食堂菜品信息公开系统，扎实推进农村校园食品安全。重点防控农村食品安全事件高频时段、高频区域，推动农村食品安全风险公益化治理进程。另一方面，扩大农产品社交媒体宣传引导。利用微博、微信等社交媒体提升农村食品安全社会关注度。评选一批“食品安全示范村”，举行农村食品安全风险新闻发布会，开展食品安全科普讲座，开设农村食品安全风险投诉热线，提高农村居民食品安全素养。

11.2 农村食品安全风险协同治理支撑保障

11.2.1 构建农村食品安全风险协同治理制度体系

一是提高农村食品安全准入门槛。切实落实农村食品生产加工企业的生产许可证制度、强制检验制度和市场准入标志制度，根据市场准入评分标准，加强违反市场准入制度的企业主体处罚机制，重点监测信用等级较低的企业主体，严防不合规的农村食品流通市场。二是强化农村食品安全信息公示。建立农村食品企业生产经营信用档案，公开企业原料采购来源、生产加工流程、流通验收过程等，同时推进食品生产经营单位落实索证索票、进货查验、生产经营记录等制度落实。三是健全农村食品安全抽检制度。开展各项专项整治行动，重点检查农村小作坊、小商店、小餐馆、小摊点等农村食品生产经营主体，集中监管农村集市、农贸市场和食品批发市场，抽查食品假冒伪劣、侵权“山寨”“三无”食品等违法违规行为。

11.2.2 优化农村食品安全风险协同治理科技环境

一是加强农村食品安全信息化监管。利用物联网、云计算、大数据等新型信息技术手段，推进“互联网＋农村食品安全大数据平台”建设和网格化监管，建立区、镇、村等多级监管网络体系，实现农村食品实时动态监管，监管部门联动、数据共享、有效追踪。二是落实农村食品安全预警机制。推进农村食品安全风险分级管理，协助完善全链条、全环节食品安全风险信息收集研判和预警交流工作机制，及时搜集、分析、监测农村食品安全舆情案件信息，优化农村食品抽检风险检测、日常监管风险防控。三是管控农村食品安全物流运输。加强智能化仓储、低温制冷技术等冷链技术推广，加大冷藏箱、冷藏车等物流运输设备使用，配合信息技术对农村食品物流运输实施有效监控，减少物流运输过程的污染问题，保障农村食品运输质量。

11.2.3 提供农村食品安全风险协同治理科普宣传

一是增强公众农村食品安全风险防范意识。通过线下设置宣传栏、墙体标语、进村进校宣传活动和线上微信公众号、短视频等社交媒体平台进行形式多样的宣传教育，提高农村公众食品安全风险协同治理参与度。二是提高公众农村食品安全整体素养。开展食品安全周、营养安全周活动，组建医疗、疾控、志愿者为主体的科普宣传队进村入户，教育教导农村消费者辨别食品标签、生产保质期等基本信息，提高食品安全谣言鉴别的基本能力，做到不信谣、不传谣，科普举报维权渠道，鼓励消费者维护合法权益。三是开展农村食品从业者安全知识培训。围绕食品采购、存储、清洗消毒等操作规范对食品从业者进行内容讲解，鼓励企业积极开展自查自纠，切实增强食品从业者食品安全守法经营意识、责任意识、风险意识。

11.2.4 压实农村食品安全风险协同治理主体责任

一是严格落实农村食品供应制度。引导农村食品生产者改善生产条件，严格执行进货查验、加工操作及人员管理等规定，全面严查无证无照、进假售假等违法行为，保证食品来源合法、质量可控。二是严格执行农村食品全程追溯。强化全程追溯，把控源头质量，推进食品生产经营环节“一品一码”追溯体系建设，全程防范农村食品安全风险，将检测信息和来源信息统一同步上传至食品安全云网络，实现“源头可溯、全程可控、责任可究”的食品安全追溯目标。三是严格明确农村食品安全责任人范围。以食品安全法律法规为依据，通过讲解培训、现场观摩、标准化管理等形式帮助食品安全经营者规范落实许可资质管理、从业人员管理、生产过程控制等主体责任，建立食品安全工作小组，发布生产经营食品安全提示，督促企业合法合规生产。

11.2.5 建设农村食品安全风险协同治理监管队伍

一是构建农村食品安全“整体智治”队伍。通过资源整合和科技助力，构建农村食品智慧检疫检测体系和技术中心，建设“食品安心码”等创新型治理平台，通过数字赋能和智慧监管分析食品经营者基础信息、风险等级信息、日常监管信息、消费者评价信息和消费者投诉举报信息等，构建监管部门、行业协会、社会公众等协同治理的模式。二是制定农村食品安全监管规范标准。完善食品安全风险协同治理综合机制，完善会议、信息反馈、督查督办、联合执法、案情通报、事故查处及投诉举报制度。同时，设置科学合理的目标责任和严格的考核制度，通过奖惩制度推动监管工作有效履行。三是下沉监管力量和职责。重视日常巡查和监管培训，落实对分散在农村的食品批发市场、集贸市场、个体商贩、农家乐的等各类经营主体的监管目标，做到职责明确，确保监管工作全覆盖。

11.3 本章小结

协同治理是实施食品安全战略、推进农村食品安全风险的有效路径。立足我国农村食品安全风险现状，遵循多环节覆盖、多部门联动、多主体参与、多渠道规制、多信息追溯和多形式宣传路径，实现农村食品安全风险协同治理均衡化、协同化、多元化、法规化、透明化和公益化。基于此，构建协同治理制度体系，优化协同治理科技环境，提供协同治理科普宣传，压实协同治理主体责任，建设协同治理监管队伍是筑牢食品安全防线、实现食品安全风险协同治理的必由之路。

附录1　农业经理人食品安全守法意愿调查问卷

尊敬的先生/女士：

您好！感谢您配合我们有关农业经理人食品安全守法意愿的调查。本调查旨在了解您食品安全守法意愿及影响因素，可更好地促进农业经理人提升食品安全法律认知并自觉遵守相关法律规定，推进农村食品安全风险协同治理。本调查采用不记名方式，所获信息仅供学术研究之用，您所提供的信息将严格保密。感谢您的支持！

华南农业大学经济管理学院“农村食品安全风险治理”课题组

一、研究内容说明

2020年中共中央国务院1号文件提出，要大力发展绿色优质农产品生产，推进农业由增产导向转向提质导向，实施农产品质量安全保障工程，健全监管体系、监测体系和追溯体系。农业经理人是2019年国家人力资源和社会保障部公布的新增职业，指在农民专业合作社等农业经济合作组织中，从事农业生产组织、设备作业、技术支持、产品加工与销售等管理服务的人员。随着中国传统农业向现代农业的转变，农产品生产经营管理活动逐步走向专业化，增强农业经理人的法律认知能力，进一步提升农业经理人守法意愿，对保障农产品质量安全及规范农产品市场秩序有重要作用。守法意愿指农业经理人严格依照《中华人民共和国农产品质量安全法》《中华人民共和国食品安全法》《农药管理条例》等法律法规的规定开展生产经营活动的行为意愿。

二、问卷内容

（一）请您基于实际情况对以下表述进行判断和选择，每道题均只需选一个答案。

一、政府监管	非常赞同	赞同	中立	不赞同	非常不赞同
1. 政府建立严格的食品质量安全法律法规体系					
2. 政府高度重视农业经理人质量安全守法监督管理					
3. 政府严厉惩戒农业经理人质量安全违法行为					
4. 政府建立完备的农业经理人质量安全信用档案					
二、媒体宣传	非常赞同	赞同	中立	不赞同	非常不赞同
1. 新闻媒体和社交媒体开展农业经理人质量安全法律法规宣传					
2. 新闻媒体和社交媒体密切关注农业经理人质量安全守法事例					
3. 新闻媒体和社交媒体及时报道农业经理人质量安全守法事例					
4. 新闻媒体和社交媒体大力倡导农业经理人质量安全守法观念					
三、行业服务	非常赞同	赞同	中立	不赞同	非常不赞同
1. 行业协会制定农业经理人生产销售过程中质量安全守法行规					
2. 行业协会开展农业经理人质量安全法律法规科普与专业培训					
3. 行业协会通报质量安全重大事件与法律法规修改情况					
四、邻里效应	非常赞同	赞同	中立	不赞同	非常不赞同
1. 我向其他农业经理人学习如何遵守质量安全法律法规					
2. 我与其他农业经理人讨论质量安全法律法规相关内容					
3. 其他农业经理人鼓励与约束我遵守质量安全法律法规					

（续）

五、法律认知	非常赞同	赞同	中立	不赞同	非常不赞同
1. 我认为《农产品质量安全法》《食品安全法》法律法规很重要					
2. 我熟悉《农产品质量安全法》《食品安全法》等法律法规内容					
3. 我认为遵守农产品质量安全法律法规可避免行政处罚					
4. 我认为遵守农产品质量安全法律法规可避免刑事责任					
六、质量安全素养	非常赞同	赞同	中立	不赞同	非常不赞同
1. 我清楚农产品质量安全风险的伤害性和严重性					
2. 我认为农产品质量安全风险可有效预防与控制					
3. 我积极实施农产品质量安全控制相关规定					
4. 我主动核实农产品质量安全相关信息真实可靠性					
七、守法意愿	非常赞同	赞同	中立	不赞同	非常不赞同
1. 我愿意遵守农产品质量安全法律法规					
2. 我计划遵守农产品质量安全法律法规					
3. 我愿意鼓励与说服同行、合作伙伴等遵守质量安全法律法规					

（二）基本情况（答案没有对错之分，选择题请在对应选项上打“√”）。

1. 您的性别：

□男　□女

2. 您的年龄：

□ 20 岁以下　□ 20～29 岁　□ 30～39 岁　□ 40～49 岁

□ 50～59 岁　□ 60 岁及以上

3. 您的文化程度：

□初中或以下　□高中或中专　□大专　□本科

□研究生及以上

4. 您从事农产品生产经营的年限为：

□ 1 年以下　□ 1～3 年　□ 4～6 年　□ 7～10 年

□ 10 年以上

5. 您的年收入为：

□ 5 万元以下　□ 5 万～10 万元　□ 11 万～15 万元

□ 16 万～20 万元　□ 20 万元以上

6. 您主要生产经营的农产品种类（可多选）：

□粮食（如稻谷、薯类等）　□经济作物（如烟茶叶、甘蔗等）

□水果（如香蕉、菠萝等）　□蔬菜（如萝卜、白菜）

□水产品（如鱼、虾蟹类）　□家禽及其肉类（如鸡、鸭等）

□牲畜及其肉类（如猪、牛等）

□禽蛋及奶制品（如鸡蛋、牛奶等）　□其他（如蜂蜜、蚕茧等）

7. 您在农产品生产经营中的角色是（可多选）：

□组织生产　□设备作业　□技术支持　□产品加工

□销售　□其他

8. 您在以往生产经营过程中是否发生过食品安全事件：

□是　□否

9. 您所在的城市是：

□广州　□河源　□清远　□惠州　□梅州　□其他＿＿＿＿＿

本问卷至此结束，再次衷心感谢您的支持和配合！祝您生活愉快！

附录 2　农户食品安全风险控制行为调查问卷

尊敬的先生/女士：

您好！我们正在进行一项有关农户施药质量安全控制意愿的调查，目的是了解农户施药质量安全控制的真实想法，更好地促进农民增收和果蔬农产品质量安全的健康发展。请您根据自己的实际情况认真填写，本调查采用不记名方式，所获信息仅供学术研究之用，您所提供的信息将严格保密。感谢您的支持！

华南农业大学经济管理学院“农村食品安全风险治理”课题组

一、研究内容说明

农户食品安全风险控制行为是指农户实施的一切与质量安全直接相关的农资购买、农药肥料使用、生产食品等活动，其中，农药和肥料使用行为尤为关键。果蔬农户作为果蔬供应链源头环节的重要主体，是果蔬质量安全的重要控制者，施药环节是果蔬农户食品安全风险控制行为的关键，果蔬农户食品安全风险控制行为集中体现在果蔬种植过程中是否采用合理、安全的施药方式。因此，结合果蔬农户施用农药具体情景，剖析果蔬农户食品安全风险控制行为的形成机理，为激励果蔬农户实施食品安全风险控制行为提供理论依据与决策参考。

二、问卷内容

（一）请您基于实际情况对以下表述进行判断和选择，每道题均只需选一个答案。

一、价值认同	非常赞同	赞同	中立	不赞同	非常不赞同
1. 我认为果蔬施用安全农药保障质量安全比杀虫抗病害更重要					
2. 我认为果蔬施用安全农药有利于消费者健康					
3. 我认为果蔬施用安全农药带来的预期经济收益更高					
4. 我认为果蔬施用安全农药可以保护环境					
5. 我认为果蔬施用安全农药会使我放心食用自家种植的果蔬					
二、社会信念	非常赞同	赞同	中立	不赞同	非常不赞同
1. 家人和亲戚朋友认为我应该对果蔬施用安全农药					
2. 乡亲邻居和其他果蔬农户认为我对果蔬施用安全农药有必要					
3. 村委会、合作社、零售商和协会等帮助我对果蔬施用安全农药					
4. 法律法规、政府监管和质量认证等促使我对果蔬施用安全农药					
5. 消费需求、媒体舆论让我坚信果蔬施用安全农药有意义					
三、能力认知	非常赞同	赞同	中立	不赞同	非常不赞同
1. 我的收入、施药经验和专业培训支持我对果蔬施用安全农药					
2. 我具备果蔬施用安全农药的设施设备					
3. 我熟悉掌握果蔬施用安全农药控制技术和操作要领					
4. 我了解果蔬施用安全农药安全间隔期和农药残留情况					
5. 我有能力并很容易对果蔬施用安全农药					
四、食品安全风险控制行为	非常赞同	赞同	中立	不赞同	非常不赞同
1. 我愿意对果蔬施用安全农药					
2. 我最近一次购买果蔬施用的农药是安全农药					
3. 我愿意在果蔬施用安全农药上加大投资					
4. 我乐于动员周围同行邻里对果蔬施用安全农药					

（二）基本情况（答案没有对错之分，选择题请在对应选项上打“√”）。

1. 您的性别：□男 □女
2. 您的年龄：□ 25 岁及以下 □ 26～35 岁 □ 36～45 岁
   □ 46～55 岁 □ 55 岁以上
3. 您的文化程度：□小学及以下 □初中 □中专及高中
   □大专及以上
4. 您属于：□散户 □专业合作社农户（名称____________）
   □生产区/生产基地农户（名称____________）
5. 您主要种植：□水果 □蔬菜 □以上两者都有
6. 您的种植面积：□ 1 亩及以下 □ 2～5 亩 □ 6 亩及以上
7. 您从事种植的年限：□ 5 年及以下 □ 6～9 年 □ 10 年及以上
8. 您的收入来源：□纯农收入 □农业为主 □打工为主
9. 您平均每亩每年购买农药的花费金额为：□ 200 元及以下
   □ 201～300 元 □ 301～500 元 □ 501 元及以上

本问卷至此结束，再次衷心感谢您的支持和配合！祝您生活愉快！

附录3　农村居民食品安全购买决策调查问卷

尊敬的先生/女士：

您好！感谢您配合我们有关农村居民食品安全购买决策的调查。本调查旨在了解您购买安全食品的行为及影响因素，可更好地促进农村安全食品的市场销售，推进农村食品安全风险协同治理。本调查采用不记名方式，所获信息仅供学术研究之用，您所提供的信息将严格保密。感谢您的支持！

华南农业大学经济管理学院“农村食品安全风险治理”课题组

一、研究内容说明

扩大农村安全食品市场销售，拉动农村安全食品消费者需求，是从需求侧保障农村食品安全的重要途径。无土栽培农产品有效规避农业源头污染引致的农产品质量安全风险，代表着安全农产品发展方向。引导农村居民购买安全农产品，是提升农村食品安全水平的关键。无土栽培农产品指用除了天然土壤之外的基质创造能为作物提供水分、养分、氧气环境的栽培方式均称为无土栽培，即不用天然土壤、而利用含有植物生长发育必需元素的营养液来提供营养，使植物能正常完成整个生命周期的种植技术培育而成的农产品，包含无土栽培蔬菜、瓜果、茶叶、花卉和药材等。

二、问卷内容

（一）请您基于实际情况对以下表述进行判断和选择，每道题均只需选一个答案。

1. 我认为无土栽培农产品很新鲜：□认可 □不认可
2. 我认为无土栽培农产品口感很好：□认可 □不认可
3. 我认为无土栽培农产品有着良好的品牌声誉：□认可 □不认可
4. 我认为无土栽培农产品经济实惠：□认可 □不认可
5. 我认为无土栽培农产品购买便利：□认可 □不认可
6. 我认为无土栽培农产品促销形式多样：□认可 □不认可
7. 我对无土栽培农产品概念有较全面的认知：□认知 □不认知
8. 我能感知无土栽培农产品质量安全可靠：□感知 □不感知
9. 我认为购买和食用无土栽培农产品是有价值的：□认可 □不认可
10. 我在购买和食用无土栽培农产品过程中觉得很愉悦：□愉悦 □不愉悦
11. 与其他农产品相比，我更倾向于购买无土栽培农产品：□认可 □不认可
12. □男 □女
13. 您的年龄：□ 18 岁及以下 □ 18～35 岁 □ 36～50 岁 □ 51～65 岁 □ 66 岁以上
14. 您的文化程度：□初中及以下 □高中 □大学 □研究生及以上
15. 您的家庭月收入为（元）：
    □ 5 000 元及以下 □ 5 001～10 000 元
    □ 10 001～15 000 元 □ 15 001 元及其以上
16. 您是否购买无土栽培农产品：□购买 □不购买

本问卷至此结束，再次衷心感谢您的支持和配合！祝您生活愉快！

附录4　电商扶贫农产品消费者重购意愿调查问卷

尊敬的先生/女士：

您好！感谢您配合我们有关电商扶贫农产品消费者重购意愿的调查。本调查旨在了解您购买电商扶贫农产品的行为及影响因素，可更好地促进电商扶贫农产品市场销售，促进农民增收，推动农村食品安全风险协同治理。本调查采用不记名方式，所获信息仅供学术研究之用，您所提供的信息将严格保密。感谢您的支持！

华南农业大学经济管理学院“农村食品安全风险治理”课题组

一、研究内容说明

电商扶贫对推动乡村振兴战略发展，有效推进精准扶贫创新，实现农民收入有效增长、农村经济稳健发展尤为重要。电商扶贫农产品指政府、企业及各方社会力量等通过网络信息技术和电商平台，助力贫困地区农民销售的农产品。自2009年创立“淘宝村”以来，淘宝平台的战略重心聚焦于中国广阔的农村市场。2019年淘宝平台农产品交易额为2 000亿元，是全国最大的农产品上行电商平台；据《2020中国淘宝村研究报告》统计，截至2020年9月，我国淘宝村数量高达5 425个，对比2014年仅有212个，规模扩大近25倍。淘宝以电商平台为媒介，助力832个贫困地提高农产品销售效率、畅通营销渠道，促进贫困地区农民增收。淘宝平台在扶贫助农方面起到了引领和推动的作用，带动了中国零售行业对电商扶贫农产品的关注，极具扶贫电商典型性与代表性。消费者点击淘宝天猫平台“天猫正宗原产地”“聚划算百亿补贴”等链接，或在淘宝主页搜索“吃货助农”可进入“爱心助农计划”销售专区购买如广西百香果、库尔勒香梨、云南雪莲果等扶贫农产品。此外，消费者也可通过淘宝芭芭农场“集阳光兑好礼”“齐心协力种果树”等线上“免费领水果”互动游戏，形成扶贫农产品消费习惯与偏好。本问卷调查以淘宝芭芭农场麻阳冰糖橙为例，产地为湖南麻阳，规格为 1.5 千克，原价 13.8 元，参与互动游戏获得积分后 5.8 元兑换购买。

二、问卷内容

（一）请问您有在网上购买过电商扶贫农产品吗？

□有（如淘宝、京东、拼多多、苏宁等电商平台）　□没有

（二）请您基于实际情况对以下表述进行判断和选择，每道题均只需选一个答案。

一、质量风险	非常赞同	赞同	中立	不赞同	非常不赞同
1. 我担心无法收到质量安全可靠的电商扶贫农产品					
2. 我担心电商扶贫农产品外观、个头比线上展示的差					
3. 我担心电商扶贫农产品口感和营养价值低于同类产品					
4. 我担心购买和食用电商扶贫农产品引发身体不适					
二、供应风险	非常赞同	赞同	中立	不赞同	非常不赞同
1. 我担心电商扶贫农产品供应商没有足够的生产能力					
2. 我担心电商扶贫农产品加工过程中不符合规范标准					
3. 我担心电商扶贫农产品仓储过程中冷链物流不足					
4. 我担心电商扶贫农产品在运输过程中受到挤压、破损					
三、社会风险	非常赞同	赞同	中立	不赞同	非常不赞同
1. 我担心购买该电商扶贫农产品降低其他人对我的评价					
2. 我担心购买该电商扶贫农产品不符合我自身形象					
3. 我担心购买该电商扶贫农产品会导致家庭意见不统一					
4. 我担心购买该电商扶贫农产品不被亲戚朋友认可					

（续）

四、价格价值	非常赞同	赞同	中立	不赞同	非常不赞同
1. 该电商扶贫农产品价格经济实惠，很有吸引力					
2. 该电商扶贫农产品经常有折扣、促销等优惠活动					
3. 该电商扶贫农产品比同类农产品更具价格优势					
4. 购买该电商扶贫农产品是物有所值的					
五、公益价值	非常赞同	赞同	中立	不赞同	非常不赞同
1. 购买该电商扶贫农产品让我参与了扶贫公益事业					
2. 购买该电商扶贫农产品让我为扶贫事业贡献一分力量					
3. 购买该电商扶贫农产品可间接帮助解决三农问题					
4. 购买该电商扶贫农产品提高公益意识和社会责任感					
六、服务价值	非常赞同	赞同	中立	不赞同	非常不赞同
1. 该电商平台具有良好的搜索引擎和导航功能					
2. 该电商平台客服能及时解答我的疑问或要求					
3. 该电商平台能及时发货并提供可靠的物流方式					
4. 该电商能履行其承诺的退换货等售后服务					
七、信任	非常赞同	赞同	中立	不赞同	非常不赞同
1. 我相信该电商扶贫农产品值得信赖					
2. 我相信该电商扶贫农产品的展示信息真实可靠					
3. 我相信该电商扶贫农产品能兑现其质量承诺					
4. 我相信该电商扶贫农产品若出现问题，我会获得相应补偿					
八、社会责任	非常赞同	赞同	中立	不赞同	非常不赞同
1. 我具有较强的扶贫公益意识					
2. 我可能会购买帮助扶贫公益事业的企业产品					
3. 我可能为支持扶贫公益事业的企业产品支付更多费用					
4. 我可能购买支持扶贫社会公益事业的产品					

（续）

九、重购意愿	非常赞同	赞同	中立	不赞同	非常不赞同
1. 网购农产品时我首选该电商扶贫农产品					
2. 我计划将来继续购买该电商扶贫农产品					
3. 我将持续购买该电商扶贫农产品					
4. 我乐意把该电商扶贫农产品推荐给亲朋好友					

（三）基本情况（答案没有对错之分，选择题请在对应选项上打“√”）。

1. 您的性别：□男　□女

2. 您的年龄：□ 20 岁及以下　□ 21～29 岁　□ 30～39 岁
□ 40～49 岁　□ 50～59 岁　□ 60 岁及以上

3. 您的文化程度：□高中及以下　□大专　□大学本科
□硕士及以上

4. 您的职业是：□企业工作人员　□政府工作人员
□事业单位工作人员　□离退休人员　□学生　□其他

5. 您的个人月收入为（元）：□ 5 000 元及以下
□ 5 001～10 000 元　□ 10 001～15 000 元
□ 15 001～20 000 元　□ 20 001 元及其以上

6. 您的家庭结构是：
□家中没有小孩和老人　□家中有小孩或有老人
□家中既有小孩也有老人

本问卷至此结束，再次衷心感谢您的支持和配合！祝您生活愉快！

参考文献

常杰，2016. 基于供应链视角的质量安全农产品供给研究 [J]. 农业经济（3）：134-135.

常乐，刘长玉，于涛，等，2020. 社会共治下的食品企业失信经营问题三方演化博弈研究 [J]. 中国管理科学，28（9）：221-230.

陈晓燕，董江爱，2019. 资本下乡中农民权益保障机制研究——基于一个典型案例的调查与思考 [J]. 农业经济问题（5）：65-72.

陈新建，董涛，易干军，2014. 城市消费者有机食品认知与购买决策——基于北京、上海、广州、深圳1017名消费者调查 [J]. 华中农业大学学报（社会科学版版）（2）：80-87.

陈耀庭，黄和亮，2017. 我国生鲜电商"最后一公里"众包配送模式 [J]. 中国流通经济，31（2）：10-19.

程琳，郑军，2014. 菜农质量安全行为实施意愿及其影响因素分析——基于计划行为理论和山东省497份农户调查数据 [J]. 湖南农业大学学报（社会科学版），15（4）：13-20.

储成兵，李平，2013. 农户环境友好型农业生产行为研究——以使用环保农药为例 [J]. 统计与信息论坛，28（3）：89-93.

崔亚飞，黄少安，吴琼，2017. 农户亲环境意向的影响因素及其效应分解研究 [J]. 干旱区资源与环境（12）：45-49.

邓灿辉，马巧云，范小杰，2019. 乡村振兴战略背景下农村食品安全社会共治研究 [J]. 湖北农业科学，58（6）：148-151.

邓刚宏，2015. 构建食品安全社会共治模式的法治逻辑与路径 [J]. 南京社会科学（2）：97-102.

董宛君，陈昌洪，2018. 城镇居民购买绿色食品影响因素分析 [J]. 安徽农业学，46（24）：201-204.

杜龙政，汪延明，2010. 基于生态生产方式的大食品安全研究［J］. 中国工业经济（11）：36-46.

杜晓君，蔡灵莎，史艳华，2014. 外来者劣势与国际并购绩效研究［J］. 管理科学，27（11）：48-59.

冯洪斌，2013. 有机农产品消费者购买意愿及影响因素研究［D］. 青岛：中国海洋大学.

冯琼，2018. 充分发挥行业协会作用，推进食品安全社会共治［N］. 中国食品安全报，10-11（10）.

冯燕，吴金芳，2018. 合作社组织、种植规模与农户测土配方施肥技术采纳行为——基于太湖、巢湖流域水稻种植户的调查［J］. 南京工业大学学报（社会科学版），17（6）：28-37.

高杨，李佩，汪艳涛，等，2016. 农户分化，关系契约治理与病虫害防治外包绩效——基于山东省 520 个菜农的实证分析［J］. 统计与信息论坛，31（3）：104-109.

葛笑如，2015. 从四重失灵到协同治理：农民工职业风险治理新理路［J］. 求实（11）：89-96.

郭利京，赵瑾，2017. 认知冲突视角下农户生物农药施用意愿研究——基于江苏 639 户稻农的实证［J］. 南京农业大学学报：社会科学版，17（2）：123-133.

何悦，漆雁斌，2020. 农户过量施肥风险认知及环境友好型技术采纳行为的影响因素分析——基于四川省 380 个柑橘种植户的调查［J］. 中国农业资源与区划，41（5）：8-15.

侯博，应瑞瑶，2015. 分散农户低碳生产行为决策研究——基于 TPB 和 SEM 的实证分析［J］. 农业技术经济（2）：4-13.

侯建昀，刘军弟，霍学喜，2014. 区域异质性视角下农户农药施用行为研究——基于非线性面板数据的实证分析［J］. 华中农业大学学报（社会科学版）（4）：1-9.

胡婧超，程景民，2019. 山西省农村居民食品安全教育现状调查［J］. 中国公共卫生，35（4）：431-434.

胡颖君，2018. 消费者绿色农业产品的购买行为分析［D］. 南昌：江西财经大学.

胡颖廉，2016. 国家食品安全战略基本框架［J］. 中国软科学（9）：18-27.

胡颖廉，2016. 食品安全理念与实践演进的中国策［J］. 改革（5）：25-40.

胡颖廉，2016. 统一市场监管与食品安全保障——基于"协调力-专业化"框架的分类研究［J］. 华中师范大学学报（人文社会科学版），55（2）：8-15.

胡跃高，2019. 乡村振兴要先行打赢食品安全开局战［J］. 行政管理改革（6）：54－60.

胡振，王思思，2020. 农产品供应链电商平台合作关系及信任度调查［J］. 商业经济研究（22）：77－79.

胡智锋，周建新，2008. 从“宣传品”、“作品”到“产品”——中国电视50年节目创新的三个发展阶段［J］. 现代传播（中国传媒大学学报）（4）：1－6.

黄瑚，2009. 60年风雨中耕耘60年阳光下收获——新中国成立以来新闻事业发展的历史轨迹［J］. 新闻记者（10）：4－8.

黄亚南，李旭，2019. 自律还是监管：农民专业合作社实施农产品安全自检行为的决定因素［J］. 干旱区资源与环境，33（10）：35－40.

黄炎忠，罗小锋，余威震，2020. 小农户绿色农产品自给生产行为研究［J］. 农村经济（5）：66－74.

黄泽颖，2020. 澳新食品健康星级评分系统与经验借鉴［J］. 世界农业（2）：42－49，140.

黄泽颖，2020. 政府主导型食品FOP标签系统国际经验与启发［J］. 世界农业（3）：12－17，134.

黄祖辉，钟颖琦，王晓莉，2016. 不同政策对农户农药施用行为的影响［J］. 中国人口资源与环境，26（8）：148－155.

江元，田军华，2018. 谁是更有效率的农业生产经营组织：家庭农场还是农民专业合作社？［J］. 现代财经（天津财经大学学报），38（6）：20－30.

姜长云，2019. 龙头企业的引领和中坚作用不可替代［J］. 农业经济与管理（6）：24－27.

蒋绚，2015. 集权还是分权：美国食品安全监管纵向权力分配研究与启示［J］. 华中师范大 学学报（人文社会科学版），54（1）：35－45.

靳明，陈雯，2018. 食品安全危机下我国乳制品行业制度变迁及政策特征分析［J］. 财经论丛（3）：105－113.

居梦菲，叶中华，2018. 网络食品安全谣言治理研究［J］. 电子政务（9）：66－76.

康临芳，马超雄，2016. 食品标签民事纠纷的裁判思路［J］. 法律适用（8）：116－120.

李亘，李向阳，刘昭阁，2017. 完善中国食品安全风险交流机制的探讨［J］. 管理世界（1）：184－185.

李昊，李世平，南灵，等，2018. 中国农户环境友好型农药施用行为影响因素的 Meta 分析 [J]. 资源科学，40（1）：74－88.

李宏薇，尚二萍，张红旗，等，2018. 耕地土壤重金属污染时空变异对比——以黄淮海平原和长江中游及江淮地区为例 [J]. 中国环境科学，38（9）：3464－3473.

李蛟，2018. 农村食品安全监管的困境及解决对策 [J]. 农业经济（4）：143－144.

李梅，董士昙，2013. 试论我国食品安全的社会监督 [J]. 东岳论丛，34（11）：179－182.

李明，2015. 实现中国梦，基础在“三农”[J]. 华中农业大学学报：社会科学版（1）：1－6.

李世杰，朱雪兰，洪潇伟，等，2013. 农户认知，农药补贴与农户安全农产品生产用药意愿——基于对海南省冬季瓜菜种植农户的问卷调查 [J]. 中国农村观察（5）：55－69.

李迎月，何洁仪，马林，等，2001. 1970～1999 年广州市食物中毒情况分析 [J]. 广东卫生防疫（2）：73－75.

李哲敏，2007. 近 50 年中国居民食物消费与营养发展的变化特点 [J]. 资源科学（1）：27－35.

廖勇锋，2016. 广东省消费者茶油购买意愿影响因素分析 [D]. 广州：仲恺农业工程学院.

刘春明，郝庆升，2018. “互联网＋”背景下绿色农产品生产经营中的问题及对策研究 [J]. 云南社会科学（6）：92－96.

刘飞，孙中伟，2015. 食品安全社会共治：何以可能与何以可为 [J]. 江海学刊（3）：227－237.

刘海洋，2018. 乡村产业振兴路径：优化升级与三产融合 [J]. 经济纵横（11）：111－116.

刘家松，2015. 中美食品安全信息披露机制的比较研究 [J]. 宏观经济研究（11）：152－159.

刘炼，冯火红，王斌，等，2019. 我国竞猜型体育彩民感知价值结构与特征研究 [J]. 沈阳体育学院学报，38（6）：62－68.

刘鹏，2010. 中国食品安全监管——基于体制变迁与绩效评估的实证研究 [J]. 公共管理学报，7（2）：63－78，125－126.

刘胜科，王奥华，孔荣，2019. 收入质量、安全消费意识与农户品牌生鲜肉消费水平

[J]. 农林经济管理学报，18 (1)：88 - 100.

刘文萃，2015. 协同治理视域下农村食品安全教育问题探讨 [J]. 西北农林科技大学学报（社会科学版），15 (3)：140 - 145.

刘亚平，李欣颐，2015. 基于风险的多层治理体系——以欧盟食品安全监管为例 [J]. 中山大学学报（社会科学版），55 (4)：159 - 168.

刘亚平，杨美芬，2014. 德国食品安全监管体制的建构及其启示 [J]. 德国研究，29 (1)：4 - 17，125.

刘永胜，李晴，2019. 基于扎根理论的外卖食品安全影响因素及其作用机理研究 [J]. 商业研究 (10)：11 - 18

刘永胜，王荷丽，徐广姝，2018. 食品供应链安全风险博弈分析 [J]. 经济问题 (1)：57 - 64，90.

刘宇翔，2014. 消费者购买有机粮食意愿分析——基于河南省郑州市的数据 [J]. 郑州轻工业学院学报（社会科学版），15 (1)：76 - 80.

刘增金，乔娟，徐琳君，2015. "三品"认证食品标签信任对消费者行为的影响——以猪肉产品为例 [J]. 中国农学通报，31 (36)：283 - 290.

刘紫玉，尹丽娟，袁丽娜，2019. 基于结构方程模型的物流服务因素对消费者网购意愿影响研究 [J]. 数学的实践与认识，49 (4)：34 - 42.

柳思维，2017. 发展农村电商加快农村流通体系创新的思考 [J]. 湖南社会科学 (2)：108 - 114.

卢嘉怡，2015. 有机食品购买行为的影响因素研究——基于兰州城镇居民的调查 [D]. 兰州：兰州财经大学.

芦天罡，王大山，唐朝，等，2016. 安全优质农产品消费者需求的研究及建议 [J]. 农业网络信息 (10)：31 - 35.

吕丹，张俊飚，2020. 新型农业经营主体农产品电子商务采纳的影响因素研究 [J]. 华中农业大学学报（社会科学版）(3)：72 - 83，172.

罗云波，吴广枫，张宁，2019. 建立和完善中国食品安全保障体系的研究与思考 [J]. 中国食品学报，19 (12)：6 - 13.

马琳，2015. 食品安全规制：现实、困境与趋向 [J]. 中国行政管理 (10)：135 - 139.

马晓凡，吴曰程，纪鹏飞，等，2017. 农产品质量安全认知及消费意愿影响因素差异研究——以烟台市消费者为例 [J]. 农学学报，7 (11)：90 - 94.

马轶群，2018. 农产品贸易、农业技术进步与中国区域间农民收入差距 [J]. 国际贸易问题（6）：41－53.

毛学峰，刘靖，朱信凯，2015. 中国粮食结构与粮食安全：基于粮食流通贸易的视角［J］. 管理世界（3）：76－85.

莫家颖，余建宇，孙泽生，2020. 媒体曝光、集体声誉与农产品质量认证［J］. 农村经济（8）：136－144.

倪国华，2020. 媒体监督的制度要件价值及作用机制研究——基于食品安全事件的案例分析［J］. 北京工商大学学报（社会科学版），35（3）：29－36.

倪楠，2013. 农村食品安全监管主体研究［J］. 西北农林科技大学学报（社会科学版），13（4）：133－136，159.

倪楠，2016. 农村地区食品安全监管配套制度的完善与落实［J］. 西北农林科技大学学报（社会科学版），16（6）：75－80.

牛亮云，2016. 食品安全风险社会共治：一个理论框架［J］. 甘肃社会科学（1）：161－164.

蒲娟，余国新，姚瑶，刘海燕，2016. 消费者对有机大米的认知度及购买意愿分析——基于乌鲁木齐消费者的调查［J］. 天津农业科学，22（1）：63－67，73.

戚迪明，江金启，张广胜，2016. 农民工城市居住选择影响其城市融入吗？——以邻里效应作为中介变量的实证考察［J］. 中南财经政法大学学报（4）：141－148.

冉陆荣，李宝库著，2016. 消费者行为学［M］. 北京：北京理工大学出版社：10.

任晓聪，和军，2017. 我国农村电子商务的发展态势、问题与对策路径［J］. 现代经济探讨（3）：45－49.

尚杰，周峻岗，李燕，2017. 基于食品安全的农产品流通供给侧改革方向和重点［J］. 农村经济（9）：70－75.

邵宜添，陈刚，杨建辉，2020. 农村地区初级农产品的质量安全隐患及其监管均衡［J］. 财经论丛（9）：104－112.

申姝红，2018. B2C跨境网购体验对消费者重复购买的影响［J］. 商业经济研究（14）：69－71.

时延安，孟珊，2020. 规制、合规与刑事制裁——以食品安全为论域［J］. 山东社会科学（5）：45－50.

宋世勇，2017. 论我国食品安全风险交流制度的立法完善［J］. 法学杂志，38（3）：90－98.

孙德超，孔翔玉，2014. 发达国家食品安全监管的做法及启示［J］. 经济纵横（7）：

109 - 112.

孙小燕，付文秀，2018. 消费者安全农产品购买行为品种间差异：事实与解释 [J]. 农村经济 (4)：58 - 64.

孙正一，柳婷婷. 新中国新闻事业 50 年概述 [J]. 新闻战线，1999 (10)：12 - 16.

唐爱慧，陶冶，冯开文，2015. 中国食品质量安全监管的演进 (1978 - 2014) [J]. 中国经济史研究 (6)：117 - 125.

唐智鹏，华国伟，郑大昭，2020. 基于 WSR 方法论的企业研发费用管理研究 [J]. 管理评论，32 (7)：315 - 325，336.

田世英，王剑，2019. 我国农产品电子商务发展现状、展望与对策研究 [J]. 中国农业资源与区划，40 (12)：141 - 146.

汪国华，杨安邦，2020. 农村环境污染治理的内生路径研究：基于村庄传统文化整合视角 [J]. 河海大学学报（哲学社会科学版），22 (4)：91 - 96，109.

汪伟，2016. 经济新常态下如何扩大消费需求？[J]. 人文杂志 (4)：20 - 28.

汪向东，2015. 四问电商扶贫 [J]. 甘肃农业 (13)：18 - 20.

王常伟，顾海英，2014. 我国食品安全保障体系的沿革、现实与趋向 [J]. 社会科学 (5)：44 - 56.

王大海，段珅，张驰，等，2018. 绿色产品重复购买意向研究——基于广告诉求方式的调节效应 [J]. 软科学，32 (2)：134 - 138.

王殿华，拉娜，2013. 科学技术在食品安全风险防控中的作用及对策研究 [J]. 食品工业科技，34 (1)：45 - 48.

王阁，2016. 地理标志产品法律保护的问题及对策——以河南省为例 [J]. 中国社会科学院研究生院学报 (5)：139 - 144.

王鹤霏，2018. 农村电商扶贫发展存在的主要问题及对策研究 [J]. 经济纵横 (5)：102 - 106.

王建华，刘茁，浦徐进，2016. 基于贝叶斯网络的农业生产者农药施用行为风险评估 [J]. 经济评论 (1)：91 - 104.

王建华，马玉婷，吴林海，2016. 农户规范施药行为的传导路径及影响因素 [J]. 西北农林科技大学学报（社会科学版），16 (4)：146 - 154.

王建华，马玉婷，朱湄，2016. 从监管到治理：政府在农产品安全监管中的职能转换 [J]. 南京农业大学学报（社会科学版），16 (4)：119 - 129，159.

王建华，王思瑶，山丽杰，2016. 农村居民食品安全消费态度异质性及监管路径 [J].

中国人口·资源与环境，26（8）：156-166.

王俊豪，2021. 中国特色政府监管理论体系：需求分析、构建导向与整体框架［J］. 管理世界，37（2）：148-164，184，11.

王俊岭，龚文静，王思晗，2020. 电商为滞销农产品插上翅膀［N］. 人民日报海外版，03-10（7）.

王可山，苏昕，2018. 我国食品安全政策演进轨迹与特征观察［J］. 改革（2）：31-44.

王名，蔡志鸿，王春婷，2014. 社会共治：多元主体共同治理的实践探索与制度创新［J］. 中国行政管理（12）：16-19.

王铁龙，石小亮，宋维明，2017. 出口食品安全采信第三方监管模式研究［J］. 经济体制改革（1）：196-200.

王文龙，2019. 地区差异、代际更替与中国农业经营主体发展战略选择［J］. 经济学家（2）：82-89.

王小明，吴国勇，谢济运，等，2019. 乡村食品安全问题分析与对策研究——以广西为例［J］. 食品工业，40（2）：246-251.

王艳萍，2018. 农产品供应链中质量安全风险控制机制探析［J］. 社会科学（6）：52-61.

王宇，2012. 框架视野下的食品安全报道——以《人民日报》近10年的报道为例［J］. 现代传播（中国传媒大学学报），34（2）：43-47.

王志刚，朱佳，于滨铜，2020. 城乡差异、塔西佗陷阱与食品安全投诉行为——基于冀豫两省532份消费者的问卷调查［J］. 中国软科学（4）：25-34.

文龙，2019. 地区差异、代际更替与中国农业经营主体发展战略选择［J］. 经济学家（2）：82-89.

文晓巍，刘妙玲，2012. 食品安全的诱因、窘境与监管：2002—2011年［J］. 改革（9）：37-42.

文晓巍，杨炳成，邓庚沂，2015. 消费者对冰鲜鸡购买意愿及其影响因素研究——基于广州市的调查数据［J］. 广东农业科学，42（14）：169-174.

文晓巍，杨朝慧，陈一康，等，2018. 改革开放四十周年：我国食品安全问题关注重点变迁及内在逻辑［J］. 农业经济问题（10）：14-23.

吴林海，龚晓茹，吕煜昕，2017. 村民自治组织参与农村食品安全风险治理的动因与路径［J］. 江海学刊（3）：76-81，238.

吴林海，吕煜昕，山丽杰，等，2016. 基于现实情境的村民委员会参与农村食品安全风险治理的行为研究 [J]. 中国人口·资源与环境，26（9）：82-91.

吴林海，王淑娴，Wuyang Hu，2014. 消费者对可追溯食品属性的偏好和支付意愿：猪肉的案例 [J]. 中国农村经济（8）：58-75.

吴群，2018. 乡村振兴视域下农业创新发展的主要方向及对策研究 [J]. 经济纵横（10）：67-72.

吴晓东，2018. 我国食品安全的公共治理模式变革与实现路径 [J]. 当代财经（9）：38-47.

伍劲松，黄冠华，2017. 中国食品安全风险防控机制研究——以广东省X市为例 [J]. 华南师范大学学报（社会科学版）（3）：109-117，191.

肖开红，王小魁，2017. 基于TPB模型的规模农户参与农产品质量追溯的行为机理研究 [J]. 科技管理研究，37（2）：249-254.

肖开红，贠策，2020. 农户参与农产品质量追溯体系的成本分担策略研究 [J]. 江苏大学学报（社会科学版），22（5）：26-38.

谢康，肖静华，杨楠堃，等，2015. 社会震慑信号与价值重构——食品安全社会共治的制度分析 [J]. 经济学动态（10）：4-16.

谢天成，施祖麟，2016. 农村电子商务发展现状、存在问题与对策 [J]. 现代经济探讨（11）：40-44.

谢玉梅，高芸，2013. 消费者对有机食品的认知和购买行为分析 [J]. 江南大学学报（人文社会科学版），12（1）：124-128.

辛良杰，李鹏辉，2018. 基于CHNS的中国城乡居民的食品消费特征——兼与国家统计局数据对比 [J]. 自然资源学报，33（1）：75-84.

新华网. 习近平对食品安全工作作出重要指示 [EB/OL].（2016-01-28）[2020-12-14]. http：//www. xinhuanet. com//politics/2016-01/28/c_1117928490. htm.

徐国冲，2021. 从一元监管到社会共治：我国食品安全合作监管的发展趋向 [J]. 学术研究（1）：50-56.

徐姝，夏凯，蔡勇，2019. 消费者对农产品可追溯体系接受意愿的影响因素研究——基于扩展的技术接受模型视角 [J]. 贵州财经大学学报（1）：82-92.

徐文成，2017. 有机食品消费行为研究 [D]. 杨凌：西北农林科技大学.

徐旭初，吴彬，2018. 合作社是小农户和现代农业发展有机衔接的理想载体吗？[J]. 中国农村经济（11）：80-95.

薛新宇，2015. 城市近郊农村小餐饮监管面临的问题及对策 [J]. 中国公共卫生管理，31 (1)：63－64.

鄢贞，刘青，吴森森，2020. 农产品安全事件的风险演化与空间转移路径——基于媒体报道的视角 [J]. 农业技术经济 (8)：4－12.

严宏，田红宇，祝志勇，2017. 农村公共产品供给主体多元化：一个新政治经济学的分析视角 [J]. 农村经济 (2)：25－31.

杨柳，邱力生，2014. 农村居民对食品安全风险的认知及影响因素分析——河南的案例研究 [J]. 经济经纬，31 (5)：41－45.

杨骞，刘华军，2015. 污染排放约束下中国农业水资源效率的区域差异与影响因素 [J]. 数量经济技术经济研究，32 (1)：114－128.

杨伊依，2012. 有机食品购买的主要影响因素分析——基于城市消费者的调查统计 [J]. 经济问题 (7)：66－69.

姚宏文，石琦，李英华，2016. 我国城乡居民健康素养现状及对策 [J]. 人口研究，40 (2)：88－97.

姚瑞卿，姜太碧，2015. 农户行为与“邻里效应”的影响机制 [J]. 农村经济 (4)：40－44.

叶敬忠，豆书龙，张明皓，2018. 小农户和现代农业发展：如何有机衔接? [J]. 中国农村经济 (11)：64－79.

叶子涵，朱志平，2019. 农村水环境污染及其治理：“单赢”之困与“共赢”之法 [J]. 农村经济 (8)：96－102.

尹权，2015. 食品安全监管机构的设置模式与职能重构——从分散监管走向集中监管 [J]. 法学杂志，36 (9)：76－83.

尹世久，王小楠，高杨，等，2014. 信息交流、认证知识与消费者安全食品信任评价 [J]. 江南大学学报（人文社会科学版），13 (5)：124－132.

尹世久，徐迎军，陈默，2013. 消费者有机食品购买决策行为与影响因素研究 [J]. 中国人口·资源与环境，23 (7)：136－141.

于晓华，2018. 以市场促进农业发展：改革开放 40 年的经验和教训 [J]. 农业经济问题 (10)：8－13.

余凤龙，黄震方，2017. 中国农村居民旅游消费研究进展 [J]. 经济地理，37 (1)：205－211，224.

俞飞颖，2019. 我国食品安全公益诉讼制度的现实考量与改革路径 [J]. 福建师范大学学报（哲学社会科学版）(3)：89－96，125，169.

元延芳，陈慧，2019. 2013—2017 年欧盟食品和饲料快速预警系统对华食品通报实证分析 [J]. 中国科技论坛 (5)：181－188.

袁学国，邹平，朱军，等，2015. 我国冷链物流业发展态势、问题与对策 [J]. 中国农业科技导报，17 (1)：7－14.

曾蓓，崔焕金，2012. 食品安全规制政策与阶段性特征：1978～2011 [J]. 改革 (4)：23－28.

张蓓，2015. 美国食品召回的现状、特征与机制——以 1995—2014 年 1217 例肉类和家禽产品召回事件为例 [J]. 中国农村经济 (11)：85－96.

张蓓，黄志平，杨炳成，2014. 农产品供应链核心企业质量安全控制意愿实证分析——基于广东省 214 家农产品生产企业的调查数据 [J]. 中国农村经济 (1)：62－75.

张蓓，林家宝，2014. 可追溯水果消费者购买行为影响因素研究——基于心理反应的综合视角 [J]. 消费经济，30 (1)：51－57.

张蓓，林家宝，2017. 食品伤害情境下消费者逆向选择影响因素研究——基于 SOR 理论视角 [J]. 统计与信息论坛，32 (12)：116－123.

张蓓，马如秋，2020. 论农村食品安全风险社会共治 [J]. 人文杂志 (4)：104－112.

张蓓，马如秋，刘凯明，2020. 新中国成立 70 周年食品安全演进、特征与愿景 [J]. 华南农业大学学报（社会科学版），19 (1)：88－102.

张蓓，文晓巍，2012. 农产品质量安全监管系统的功能和复杂性及其化解路径 [J]. 农业现代化研究，33 (1)：59－63.

张蓓，吴宝姝，文晓巍，2019. 网络谣言社会共治对消费者信任的影响——以食品伤害为例 [J]. 经济管理，41 (5)：136－155.

张宏邦，2017. 食品安全风险传播与协同治理研究——以 2007—2016 年媒体曝光事件为对象 [J]. 情报杂志，36 (12)：58－62，33.

张利国，李礼连，李学荣，2017. 农户道德风险行为发生的影响因素分析——基于结构方程模型的实证研究 [J]. 江西财经大学学报 (6)：77－86.

张明华，温晋锋，刘增金，2017. 行业自律，社会监管与纵向协作——基于社会共治视角的食品安全行为研究 [J]. 产业经济研究 (1)：89－99.

张伟，张锡全，刘环，等，2014. 加拿大食品安全管理机构介绍 [J]. 世界农业 (6)：162－164，192.

张文静，薛建宏，2016. 我国食品体系变化过程中的食品安全问题——以 1592 例食品安全新闻报道为例 [J]. 大连理工大学学报（社会科学版），37（4）：118-124.

张文胜，王硕，安玉发，等，2017. 日本“食品交流工程”的系统结构及运行机制研究——基于对我国食品安全社会共治的思考 [J]. 农业经济问题，38（1）：100-108，112.

张武科，金佳，2018. 健康意识与环保意识对生态食品购买意愿的影响——生态属性认知的中介作用 [J]. 宁波大学学报（理工版），31（1）：105-110.

张晓林，2019. 乡村振兴战略下的农村物流发展路径研究 [J]. 当代经济管理，41（4）：46-51.

张晓山，2019. 推动乡村产业振兴的供给侧结构性改革研究 [J]. 财经问题研究（1）：114-121.

张志勋，2015. 系统论视角下的食品安全法律治理研究 [J]. 法学论坛，30（1）：99-105.

张志勋，2017. 论农村食品安全多元治理模式之构建 [J]. 法学论坛，32（4）：119-124.

张仲雷，2017. 生鲜农产品电子商务进程实证研究——以甘薯为例 [J]. 中国农业资源与区划，3（5）：76-80.

赵德余，唐博，2020. 食品安全共同监管的多主体博弈 [J]. 华南农业大学学报（社会科学版），19（5）：80-92.

赵向豪，陈彤，姚娟，2018. 认知视角下农户安全农产品生产意愿的形成机理及实证检验——基于计划行为理论的分析框架 [J]. 农村经济（11）：23-29.

甄霖，王超，成升魁，2017. 1953—2016 年中国粮食补贴政策分析 [J]. 自然资源学报，32（6）：904-914.

郑蔓华，黄梦岚，汤德聪，等，2020. 顾客感知质量对顾客在线粘性的影响 [J]. 林业经济问题，40（2）：189-198.

钟筱红，2015. 我国进口食品安全监管立法之不足及其完善 [J]. 法学论坛，30（3）：148-153.

钟真，2018. 改革开放以来中国新型农业经营主体：成长、演化与走向 [J]. 中国人民大学学报，32（4）：43-55.

周凤杰，2015. 基于 4P 营销理论的消费者无土栽培农产品购买行为研究 [J]. 商业经济研究（29）：47-49.

周洁红，武宗励，李凯，2018. 食品质量安全监管的成就与展望［J］. 农业技术经济（2）：4－14.

周开国，杨海生，伍颖华，2016. 食品安全监督机制研究——媒体、资本市场与政府协同治理［J］. 经济研究（9）：58－72.

周清杰，徐非非，2010. 第三方检测与我国食品安全监管体制优化［J］. 食品科技，35（2）：231－235.

周晓阳，王黎琴，冯平平，等，2020. WSR方法论视角下基于信任关系、前景理论和犹豫模糊偏好的群决策研究［J］. 管理评论，32（7）：66－75.

朱宝，刘天军，王征兵，2015. "新常态"下国家农业示范区产业结构优化研究［J］. 农村经济（6）：44－47.

朱淀，浦徐进，高宁，2015. 消费者对不同安全信息属性可追溯猪肉偏好的研究［J］. 中国人口·资源与环境，25（8）：162－169.

朱世言，2017. 我国蔬菜无土栽培技术发展探究［J］. 种子科技，35（7）：26，28.

庄龙玉，张海涛，2018. 长尾理论下发展农村物流的契机及改进策略［J］. 经济问题探索（9）：72－77.

Abadi B，2018. The determinants of cucumber farmers' pesticide use behavior in central Iran：Implications for the pesticide use management［J］. Journal of Cleaner Production（205）：1069，1081.

Ajzen I，1985. From intentions to actions：a theory of planned behavior［M］. Action Control. Springer，Berlin，Heidelberg：11－39.

Ajzen I，1991. The theory of planned behavior［J］. Organizational Behavior and Human Decision Processes，50（2）：179－211.

Amin S A，Panzarella C，Lehnerd M et al，2018. Identifying food literacy educational opportunities for youth［J］. Health Education & Behavior，45（6）：918－925.

Ariffin S K，Mohan T and Goh Y N，2018. Influence of consumers' perceived risk on consumers' online purchase intention［J］. Journal of Research in Interactive Marketing.

Bai L，Ma C，Gong S，et al，2007. Food safety assurance systems in China［J］. Food Control，18（5）：480－484.

Baker J，Parasuraman A，Grewal D，et al，2002. The influence of multiple store environment cues on perceived merchandise value and patronage intentions［J］. Journal of

Marketing，66（2）：120－141.

Bandara B，Abeynayake N，Bandara L，et al，2013. Farmers' perception and willingness to pay for pesticides concerning quality and efficacy [J]. Journal of Agricultural Sciences－Sri Lanka，8（3）：153－160.

Boccaletti S and Nardella M，2000. Consumer willingness to pay for pesticide－free fresh fruit and vegetables in Italy [J]. The International Food and Agribusiness Management Review，3（3）：297－310.

Boxer I and Rekettye G，2011. The relation between perceived service innovation，service value，emotional intelligence，customer commitment and loyalty in b2b [J]. International Journal of Services and Operations Management，8（2）：222－256.

Brown I and Jayakody R，2008. B2C e－commerce success：a test and validation of a revised conceptual model [J]. The Electronic Journal Information Systems Evaluation，11（3）：167－184.

Caruana R and Chatzidakis A，2014. Consumer social responsibility（CnSR）：toward a multi－level，multi－agent conceptualization of the "other CSR" [J]. Journal of Business Ethics，121（4）：577－592.

Carvalho F P，2017. Pesticides，environment，and food safety [J]. Food and Energy Security，6（2）：48－60.

Chen J，Huang J，Huang X，et al，2020. How does new environmental law affect public environmental protection activities in China? Evidence from structural equation model analysis on legal cognition [J]. Science of The Total Environment（714）：136558.

Chen K，Wang X，Song H，2015. Food safety regulatory systems in Europe and China：a study of how co－regulation can improve regulatory effectiveness [J]. Journal of Integrative Agriculture，14（11）：2203－2217.

Chen T，Wang L and Wang J，2017. Transparent assessment of the supervision information in China's food safety：a fuzzy－ANP comprehensive evaluation method [J]. Journal of Food Quality，1－14.

Chiu C M，Hsu M H，Lai H，et al，2012. Re－examining the influence of trust on online repeat purchase intention：the moderating role of habit and its antecedents [J]. Decision Support Systems，53（4）：835－845.

Cho M, Bonn M A and Kang S, 2014. Wine attributes, perceived risk and online wine repurchase intention: the cross - level interaction effects of website quality [J]. International Journal of Hospitality Management, 43: 108 - 120.

Cronin J J, Brady M K, Brand R R, et al, 1997. A cross - sectional test of the effect and conceptualization of service value [J]. Journal of Services Marketing, 11 (6): 375 - 391.

De Jonge J, Van Kleef E, Frewer L J, et al, 2007. Perceptions of risk, benefit and trust associated with consumer food choice [M] //Understanding Consumers of Food Products. Woodhead: 125 - 152.

De la Brosse R, Lajmi N and Ekelin A, 2015. Media propaganda and human rights issues: what can be learnt from the former Yugoslavia's experience in relation to the current developments in the Arab Spring countries? [J]. Journal of Arab & Muslim Media Research, 8 (1): 21 - 36.

De Magistris T and Gracia, A, 2008. The decision to buy organic food products in Southern Italy [J]. British Food Journal, 110 (9): 929 - 947.

Delmas M A and Burbano V C, 2011. The drivers of green washing [J]. California Management Review, 54 (1): 64 - 87.

Dong S, Xu F, Tao S, et al, 2018. Research on the status quo and supervision mechanism of food safety in China [J]. Asian Agricultural Research, 10 (2): 32 - 38.

Dowling G R and Staelin R, 1994. A model of perceived risk and intended risk - handling activity [J]. Journal of Consumer Research, 21 (1): 119 - 134.

Drew C A and Clydesdale F M, 2015. New food safety law: effectiveness on the ground [J]. Critical Reviews in Food Science and Nutrition, 55 (5): 689 - 700.

Eijlander P, 2005. Possibilities and constraints in the use of self - regulation and co - regulation in legislative policy: experiences in the Netherlands - Lessons to be learned for the EU? [J]. European Journal of Comparative Law, 9 (1): 1 - 8.

Engel J F, Blackwell R D and Minard P W, 1955. Consumer Behavior. New York: The Dryden Press.

Eygue M, Richard - Forget F, Cappelier J M, et al, 2020. Development of a risk - ranking framework to evaluate simultaneously biological and chemical hazards related to food safety: application to emerging dietary practices in France [J]. Food

Control：107279.

Featherman M S and Pavlou P A，2003. Predicting e－services adoption：a perceived risk facets perspective [J]. International Journal of Human－computer Studies，59（4）：451－474.

Fielding K S，McDonald R and Louis W R，2008. Theory of planned behaviour，identity and intentions to engage in environmental activism [J]. Journal of Environmental Psychology，28（4）：318－326.

Finch，P，2004. Supply chain risk management [J]. Supply Chain Management：An International Journal，183－196.

Fosu P O，Donkor A，Ziwu C，et al，2017. Surveillance of pesticide residues in fruits and vegetables from Accra Metropolis markets，Ghana，2010－2012：a case study in sub－Saharan Africa [J]. Environmental Science and Pollution Research，24（20）：17187－17205.

Gan C and Wang W，2017. The influence of perceived value on purchase intention in social commerce context [J]. Internet Research，27（4）：772－785.

Garcia Martinez M，Verbruggen P，Fearne A，2013. Risk－based approaches to food safety regulation：what role for co－regulation? [J]. Journal of Risk Research，16（9）：1101－1121.

George B，2003. Managing stakeholders vs. responding to shareholders [J]. Strategy & Leadership，31（6）：36－40.

Gong Y，Baylis K，Kozak R，et al，2016. Farmers' risk preferences and pesticide use decisions：evidence from field experiments in China [J]. Agricultural Economics，47（4）：411－421.

Green T and Peloza J，2011. How does corporate social responsibility create value for consumers? [J]. Journal of Consumer Marketing，28（1）：48－56.

Groenewegen P P，Dixon J，Boerma W G W，2002. The regulatory environment of general practice：an international perspective—Regulating Entrepreneurial Behaviour in European Health Care Systems [J]. R B Saltman，R Busse，E Mossialos. Open University，Buckingham：200－214.

Guo Z，Bai L and Gong S，2019. Government regulations and voluntary certifications in food safety in China：a review [J]. Trends in Food Science & Technology，90：

1－6.

Hall D, 2010. Food with a visible face: traceability and the public promotion of private governance in the Japanese food system [J]. Geoforum, 41 (5): 826－835.

Hammonds T M, 2004. It is time to designate a single food safety agency [J]. Food and Drug Law Journal, 59 (3): 427－432.

Hawkes C, 2004. Marketing food to children: the global regulatory environment [M]. World Health Organization.

Hayes A F, 2012. Process: a versatile computational tool for observed variable mediation, moderation, and conditional process modeling [R]. Retrieved from http: //www. afhayes. com/public/process.

Henson S and Caswell J, 1999. Food safety regulation: an overview of contemporary issues [J]. Food Policy, 24 (6): 589－603.

Hong I B and Cha H S, 2013. The mediating role of consumer trust in an online merchant in predicting purchase intention [J]. International Journal of Information Management, 33 (6): 927－939.

Hooker N H and Caswell J A, 1995. Regulatory targets and regimes for food safety: a comparison of North American and European approaches [R].

Huamain C, Chunrong Z, Cong T U, et al, 1999. Heavy metal pollution in soils in China: status and countermeasures [J]. Ambio, 130－134.

Huang J F and Liu, B Y, 2014. Path analysis of industry associations to promote industrial upgrading [C]. Applied Mechanics and Materials. Trans Tech Publications Ltd, 644: 5803－5808.

Illichmann R and Abdulai A, 2013. Analysis of consumer preferences and willingness－to－pay for organic food products in Germany [R]. German Association of Agricultural Economists (GEWISOLA) .

Jacoby J and Kaplan L B, 1972. The components of perceived risk [J]. Advances in Consumer Research Association for Consumer Research, 3 (3) .

Jin J, Wang W, He R, et al, 2017. Pesticide use and risk perceptions among small－scale farmers in Anqiu County, China [J]. International Journal of Environmental Research and Public Health, 14 (1): 29－38.

Jones A, Thow A M, Ni M C, et al, 2019. The performance and potential of the Australasian Health Star Rating system：a four-year review using the RE-AIM framework [J]. Australian and New Zealand Journal of Public Health，43 (4)：355-365.

Kaplan L B，Szybillo G J and Jacoby J，1974. Components of perceived risk in product purchase：A cross-validation [J]. Journal of Applied Psychology，59 (3)：287-291.

Kassim N and Abdullah N A，2010. The effect of perceived service quality dimensions on customer satisfaction，trust，and loyalty in e-commerce settings [J]. Asia Pacific Journal of Marketing and Logistics，22 (3)：351-371.

Keener L，Nicholson-Keener S M and Koutchma T，2014. Harmonization of legislation and regulations to achieve food safety：US and Canada perspective [J]. Journal of the Science of Food and Agriculture，94 (10)：1947-1953.

Kim J E，Cho H J and Johnson K K，2009. Influence of moral affect，judgment，and intensity on decision making concerming counterfcit，gray-market，and imitation products [J]. Clothing and Textiles Research Journal，27：211-226.

Kim Y H，Kim D J and Wachter K，2013 A study of mobile user engagement (MoEN)：engagement motivations，perceived value，satisfaction，and continued engagement intention [J]. Decision Support Systems，56：361-370.

Korada S K，Yarla N S，Putta S，et al，2018. A critical appraisal of different food safety and quality management tools to accomplish food safety [M] //Food Safety and Preservation. Academic Press：1-12.

Lafferty B A and Goldsmith R E，2005. Cause-brand alliances：does the cause help the brand or does the brand help the cause? [J]. Journal of Business Research，58 (4)：423-429.

Lam H M，Remais J，Fung M C，et al，2013. Food supply and food safety issues in China [J]. The Lancet，381 (9882)：2044-2053.

Leclercq C，Allemand P，Balcerzak A，et al，2019. FAO/WHO GIFT (Global Individual Food consumption data Tool)：a global repository for harmonized individual quantitative food consumption studies [J]. Proceedings of the Nutrition Society，78 (4)：484-495.

Liang H，Sara N and Xue H Y，2007. Assimilation of enterprise systems：the effect of institutional pressures and the mediating role of top management [J]. MIS Quarterly，31 (1)：59-87.

Liao C, Lin H N and Liu Y P, 2010. Predicting the use of pirated software: a contingency mode lintegrating perceived risk with the theory of planned behavior [J]. Journal of Business Ethics, 91 (2), 237-252.

Lim N, 2003. Consumers′ perceived risk: sources versus consequences [J]. Electronic Commerce Research Applications, 2 (3): 216-228.

Lin S W and Lo L Y S, 2016. Evoking online consumer impulse buying through virtual layout schemes [J]. Behaviour & Information Technology, 35 (1): 38-56.

Lorenzo-Romero C, Alarcón-del-Amo M C and Gómez-Borja M Á, 2016. Analyzing the user behavior toward electronic commerce stimuli [J]. Frontiers in Behavioral Neuroscience, 10 (13): 1-18.

Marian L and Th Gersen J, 2013. Direct and mediated impacts of product and process characteristics on consumers' choice of organic vs. conventional chicken [J]. Food Quality and Preference, 29 (2): 106-112.

Marsden T, Banks J and Bristow G, 2000. Food supply chain approaches: exploring their role in rural development [J]. Sociologia Ruralis, 40 (4): 424-438.

Martin L T, Ruder T, Escarce J J, et al, 2009. Developing predictive models of health literacy [J]. Journal of General Internal Medicine, 24 (11): 1211-1216.

Martinez M G, Fearne A, Caswell J A, et al, 2007. Co-regulation as a possible model for food safety governance: opportunities for public - private partnerships [J]. Food Policy, 32 (3): 299-314.

Mceachern M, Padel S and Foster C, 2005. Exploring the gap between attitudes and behaviour [J]. British Food Journal, 107 (8): 606-625.

McKnight D H, Choudhury V and Kacmar C, 2002. Developing and validating trust measures for e-commerce: an integrative typology [J]. Information Systems Research, 13 (3): 334-359.

Mehrabian A and Russell, 1974. An approach to environmental psychology [M]. Cambridge, MA: MIT Press.

Mendoza T R, Dueck A C, Bennett A V, et al, 2017. Evaluation of different recall periods for the US National Cancer Institute's Pro-ctcae [J]. Clinical Trials, 14 (3): 255-263.

Mhurchu C N, Eyles H and Choi Y H, 2017. Effects of a voluntary front-of-pack nutrition labelling system on packaged food reformulation: the health star rating system in New Zealand [J]. Nutrients, 9 (8): 918 - 933.

Negatu B, Kromhout H, Mekonnen Y, et al, 2016. Use of chemical pesticides in Ethiopia: a cross - sectional comparative study on knowledge, attitude and practice of farmers and farm workers in three farming systems [J]. The Annals of Occupational Hygiene, 60 (5): 551 - 566.

Nychas G J E, Panagou E Z and Mohareb F, 2016. Novel approaches for food safety management and communication [J]. Current Opinion in Food Science, 12: 13 - 20.

Pei X, Tando A, Alldrick A, et al, 2011. The China melamine milk scandal and its implications for food safety regulation [J]. Food Policy, 36 (3): 412 - 420.

Petroczi A, Taylor G, Nepusz T, et al, 2010. Gate keepers of EU food safety: four states lead on notification patterns and effectiveness [J]. Food and Chemical Toxicology, 48 (7): 1957 - 1964.

Prazan J and Theesfeld I, 2014. The role of agri - environmental contracts in saving biodiversity in the post - socialist Czech Republic [J]. International Journal of the Commons, 8 (1): 1 - 25.

Resende - Filho M A and Hurley T M, 2012. Information asymmetry and traceability incentives for food safety [J]. International Journal of Production Economics, 139 (2): 596 - 603.

Rhea K C, Cater M W, McCarter K, et al, 2020. Psychometric analyses of the eating and food literacy behaviors questionnaire with university students [J]. Journal of Nutrition Education and Behavior, 52 (11): 1008 - 1017.

Roberts M, 1995. Indian public demands industry responsibility [J]. Chemical Week, 157 (1): 89 - 90.

Roitner - Schobesberger B, Darnhofer I, et al, 2007. Consumer perceptions of organic foods in Bangkok, Thailand [J]. Food Policy, 33 (2), 112 - 121.

Rosas R, Pimenta F, Leal I, et al, 2020. Foodlit - pro: food literacy domains, influential factors and determinants—a qualitative study [J]. Nutrients, 12 (1): 88 - 118.

Sheng T Y, Brindal M, Li E. , et al, 2018. Factors affecting the selection of information sources of sustainable agricultural practices by Malaysian vegetable farmers [J]. Journal of Agricultural & Food Information, 19 (2): 162 - 175.

Simth J B and Colgate M，2007. Customer value creation：a practical framework [J]. The Journal of Marketing Theory and Practice，15 (1)：7 - 23.

Sirohi N，McLaughlin E W and Wittink D R，1998. A model of consumer perceptions and store loyalty intentions for a supermarket retailer [J]. Journal of Retailing，74 (2)：223 - 245.

Stobbelaar D J，Casimir G，Borghuis J，et al，2007. Adolescents' attitudes towards organic food：a survey of 15 - to 16 - year old school children [J]. International Journal of Consumer Studies，31 (4)：349 - 356.

Su H and Tian S，2011. An analysis framework for enterprise knowledge integration based on WSR system methodology [C] // 2011 International Conference on Computer and Management (CAMAN) . IEEE，2011：1 - 4.

Sunstein C R，1996. On the expressive function of law [J]. University of Pennsylvania Law Review，144 (5)：2021 - 2053.

Suthakorn W，Songkham W，Tantranont K，et al，2020. Scale development and validation to measure occupational health literacy among Thai informal workers [J]. Safety and Health at Work，11 (4)：526 - 532.

Sweeney J C and Soutar G N，2001. Consumer perceived value：the development of a multiple item scale [J]. Journal of Retailing，77 (2)：203 - 220.

Szakály Z，Szente V，Kvér G，Polereczki Z and Szigeti O，2012. The Influence of lifestyle on health behavior and preference for functional foods [J]. Appetite，58 (6)：406 - 413.

Tang Q，Li J，Sun M，et al，2015. Food traceability systems in China：the current status of and future perspectives on food supply Chain databases，legal support，and technological research and support for food safety regulation [J]. Bioscience Trends，9 (1)：7 - 15.

Taylor M R and David S D，2009. Stronger partnerships for safer food：an agenda for strengthening state and local roles in the nation's food safety system [R]：14 - 19.

Tiozzo B，Pinto A，Mascarello G，et al，2019. Which food safety information sources do Italian consumers prefer? Suggestions for the development of effective food risk communication [J] . Journal of Risk Research，22 (8)：1062 - 1077.

Tobin D，Thomson J and LaBorde L，2012. Consumer perceptions of produce safety：a study of Pennsylvania [J]. Food Control, 26 (2): 305 - 312.

Tong X. and Chen S, 2008. Human resource development based on Wuli - Shili - Renli systems approach [C] //2008 4th International Conference on Wireless Communications, Networking and Mobile Computing, IEEE: 1 - 6.

Vincent O A, Awolowo E R and Elliot B H, 2016. A study of farmers' awareness of the effects of pesticides use in Osun state, Nigeria [J]. African Journal of Agricultural Economics and Rural Development, 4 (4): 319 - 327.

Wang E S T, 2013. The influence of visual packaging design on perceived food product quality, value, and brand preference [J]. International Journal of Retail & Distribution Management, 41 (10), 805 - 816.

Wang J, Gao Z. and Shen M, 2018. Recognition of consumers' characteristics of purchasing farm produce with safety certificates and their influencing factors [J]. International Journal of Environmental Research and Public Health, 15 (12): 2879 - 2895.

World Health Organization, 1999. Food safety [R].

World Health Organization, 2013. Advancing food safety initiatives strategic plan for food safety including food borne zoo noses 2013 - 2022 [R].

World Health Organization, 2020. The future of food safety: transforming knowledge into action for people, economies and the environment: technical summary by FAO and WHO [R].

Wu X, Lu Y, Xu H, et al, 2018. Challenges to improve the safety of dairy products in China [J]. Trends in Food Science & Technology, 76:: 6 - 14.

Young G, 2016. Stimulus - organism - response model: SORing to new heights [M]. Unifying Causality and Psychology. Springer, Cham: 699 - 717.

Zeithaml V A, 1998. Consumer perceptions of price, quality, and value: a means - end model and synthesis of evidence [J]. Journal of Marketing, 52 (3): 2 - 22.

Zhang M, Hui Q, Xu W, et al, 2015. The third - party regulation on food safety in China: a review [J]. Journal of Integrative Agriculture, 14 (11): 2176 - 2188.

Zhao L, Wang C, Gu H, et al, 2018. Market incentive, government regulation and the behavior of pesticide application of vegetable farmers in China [J]. Food Control, 85: 308 - 317.

Zhao Y, Yu X, Xiao Y, et al, 2020. Netizens' food safety knowledge, attitude, behaviors, and demand for science popularization by WeMedia [J]. International Journal of Environmental Research and Public Health, 17 (3): 730-739.

Zhou J, Helen J H and Liang J., 2011. Implementation of food safety and quality standards: a case study of vegetable processing industry in Zhejiang, China [J]. The Social Science Journal, 48 (3): 543-552.

Zhu X, Huang I Y and Manning L, 2019. The role of media reporting in food safety governance in China: a dairy case study [J]. Food Control, 96: 165-179.

后 记

随着农业产业转型升级，农村消费水平不断提升，居民生活得到极大改善。当前全面建成小康社会进入决胜期，解决好“三农”问题是全党工作重中之重。然而，我国农村食品安全风险仍然存在，诸如“康帅傅”“六大核桃”等农村“三无食品”及“山寨食品”，“亲嘴牛筋”等农村“五毛食品”，“土法红糖”等农村“自制食品”等消费欺诈屡见不鲜，威胁农村居民人身安全。2019 年中央 1 号文件指出，实施农产品质量安全保障工程，促进农村食品安全战略有效实施，是增强农村食品安全治理能力，全面促进农村社会发展的重要保障之一。我国食品安全形势总体平稳向好，然而基层农村食品质量安全风险仍不容忽视，亟须把握我国农村食品安全现状与问题，探讨农村食品安全风险治理的实践路径。

近年来，我基于供应链视角展开食品安全管理相关研究，研究内容主要包括农业企业质量安全行为、安全农产品消费者认知和购买行为、农产品伤害危机管理等。我主持完成国家社科基金青年项目“供应链核心企业主导的农产品质量安全管理研究”，结项鉴定等级为“良好”；主持国家自然科学基金青年项目“农产品伤害危机责任归因与消费者逆向行为形成机理研究”、国家自然科学基金面上项目“生鲜电商平台产品质量安全风险社会共治研究”和国家自然科学基金重点项目“生产供应过程的食品安全风险识别与预警研究”子课题。基于上述课题研究所积累的理论和实证研究成果，我在《China Management Study》（SSCI 收录）《管理评论》《中国农村经济》《农业经济问题》《农业技术经济》《改革》《经济管理》《人文杂志》和《北京社会科学》等国内外权威期刊上发表学术论文60余篇。在乡村振兴战略背景下，我带领研究团队重点关注我国农村食品安全风险治理现状、问题与对策，在前期相关研究基础上构建了未来研究的总体思路和逻辑框架，完成了本书的写作和统稿工作。

本书主要是我和我的研究生合作完成的科研成果。其中，张蓓负责本书的总体框架设计，第一章、第二章和第十一章的写作，以及各章提纲构建、主体内容撰写、修改润色和总体把关等，并负责全书的统稿。马如秋参与了第二章、第三章、第四章、第五章、第六章和第十一章的写作，招楚尧参与了第七章和第十一章的写作，李志胜参与了第十章的写作，叶丹敏参与了第三章的写作，区金兰参与了第四章的写作，张雅竹参与了第五章的写作，黄艾华参与了第七章的写作，高惠姗参与了第八章的写作，刘美玲参与了第九章的写作，冯文怡参与了参考文献汇编和校对。我的研究生参与了本书的问卷调查、数据录入和分析等工作。还在写作过程中引用并参考了许多国内外学者的研究成果，我们在参考文献中一一加以标注，在此深表感谢！

本书关于我国农村食品安全监管实地调研、深度访谈和问卷调查过程中，华南农业大学经济管理学院院长米运生教授、书记蔡传钦研究员、副院长黄松教授、副院长谭莹教授、副院长王丽萍研究员、文晓巍教授、何勤英教授、周文良副教授、文乐博士和彭思喜老师等对专家问卷设计和调研开展提出了建设性意见。本书关于农业经理人守法意愿调研过程中，得到了广西壮族自治区市场监督管理局、广东省农业科学院、广东省农垦集团公司，以及河源市农业农村局、清远市农业农村局和阳江市农业农村局等相关部门的鼎力支持。在此一并致谢！

特别感谢我亲爱的丈夫陈亮先生。先生与我相识相知于暨南大学，研究生同窗岁月我们携手奋进。毕业参加工作后，先生长期支持我的教学科研事业，给予我克服困难的信心和勇气。我在科研道路上下求索，两个儿子天健和天俊的出生和成长为我带来了工作之余莫大的欣慰，特别感谢我年迈的父母不辞劳苦地为我料理家务、照看孩子，他们的无私奉献为我的科研工作奠定了坚实后盾。

锲而不舍，上下求索。本书研究可能存在不足之处，恳请各位专家和同行批评指正。

张　蓓

二〇二一年夏于华南农业大学